수입 자동차 정비 자격 수험서

정 경 원 지음

머리말

최근 수입 자동차의 국내 자동차 시장 점유율이 10%를 돌파함으로서 수입자동차 정비시장의 수요도 증가 추세에 있다. 이러한 현실을 반영하듯 국내 자동차 정비사들 사이에선 미국 자동차 정비사 자격 **ASE** automotive service excellence의 취득에 관한 관심이 지속적으로 높아지고 있다. 그러나 처음 ASE를 준비하는 정비사들이 느끼는 가장 큰 애로사항은 한글로 된 ASE 시험 준비서가 아직 국내에 출판된 적이 없어 시험을 어떻게 준비해야 하는지 또는 출제경향은 무엇인지에 대한 정보가 없다라는 것이다. 또한 영어시험에 대한 부담감도 가장 큰 고충일 것이다.

이런 현실과 수요를 반영하여 ASE 시험에 도전하는 자동차 정비사들에게 시험합격을 위해서는 반드시 알아야 하는 고장 진단과 세부적인 정비 지식, 출제경향 그리고 영어시험에 대한 부담감 해결에 일조–助를 목적으로 이 책을 준비하게 되었다.

ASE A1 Engine Repair 시험가이드의 출제분야를 바탕으로 목차를 구성하였다. ASE 출제경향은 실제 현장에서 엔진성능 불량의 고장 원인을 진단하고, 진단하기 위해서 필요한 테스트 및 측정 그리고 수집한 데이터를 놓고 분석할 수 있는 시스템 이해력 등을 중심으로 문제가 출제된다. 따라서 본서에서는 자동차 기초 공학 설명보다는 고장진단 diagnosis 및 정비 수리 repair service에 관한 출제경향에 맞추어 본문 내용을 구성하였다.

❶ **자동차 기술 영어의 이해** : 자동차 기술 영어에 대한 기본적 이해와 공식에 대한 내용을 수록하여 기초 영어실력 습득에 도움을 주고자 하였고, 자동차 기술영어는 거의 일정한 문장 패턴으로 나오기 때문에 학습하여 익숙해지면 부담없이 ASE 시험문제나 수입자동차 정비 매뉴얼을 읽을 수 있을 것이다.

❷ **본문내용** : 출제 경향에 맞추어 각 기본서 등에서 핵심사항 등을 요약 정리하였으며, 기본적으로 숙지해야 전형적인 규격 typical specification, 테스트 방법 등은 도표,

그림 등을 이용하여 정리 하였다.

❸ **리뷰 테스트** Review Test : 리뷰 테스트의 True / False를 풀어보면서 핵심사항을 복습 하면서 한편으론 Technician A, Technician B 타입의 문제에 익숙할 수 있도록 하였다.

❹ **ASE style 문제** : 실전감각을 익히기 위해서 실제 출제 가능한 문제들로 구성하였다. 영어에 익숙지 않은 수험자를 위해서 단어 정리, 우리말, 설명 순서대로 수록하였다.

❺ **부록** : ASE style과 엔진 전문 용어, 그리고 기술 영어 단어를 부록으로 만들었다. 수험자가 ASE 준비를 할 때 읽을 때 일일이 사전 찾는 시간을 줄여, 공부의 편의 성을 도모하고자 준비하였다.

이 책으로 ASE 취득을 도전하시는 모든 정비사들에게 도움이 되었으면 하는 바람이 간절하며, 진심으로 그 분들의 합격을 기원한다.

이 책과 관련하여 ASE 시험 국내도입추진 및 그 활성화에 선도자적 이해와 관심으로 적극적으로 도움을 주신 김길현 사장님께 먼저 감사의 말씀을 드리며, 아울러 이상호 실장님, 우병춘 국장님, 최동규 과장님, 그리고 출간에 도움을 주신 도서출판 골든벨의 모든 직원 분께도 감사의 말을 드린다.

끝으로 이 책의 원고를 쓰는 기간 내내 많은 격려와 배려를 해 주신 제 아버님, 어머님에게도 감사하다는 말씀을 드립니다.

저자 정경원 올림

ASE에 대하여

National Institute for Automotive Service Excellence [ASE]

National Institute for Automotive Service Excellence는 자동차 정비 및 서비스 산업에서 자동차 정비 전문가를 검증하는 전문 검증기관이다. 실력 있는 자동차 정비사와 그렇지 못한 정비사가 구별되어지기를 원하는 소비자들의 요구에 부응하여 만들어진 독립적 비영리 단체이다. ASE는 전문가적 수준의 정비능력과 서비스를 테스트하고 검증함으로서, 자동차 정비와 서비스의 품질을 향상시키는 것을 그 목적으로 한다.

ASE Test

(승용) 자동차 정비사 자격증의 분야는 모두 8종류이다. 디젤 중장비 차량의 정비는 별개이다.

- A1 – Engine Repair 50 scored questions
- A2 – Automatic Transmission/Transaxle 50
- A3 – Manual Drive Train & Axles 40
- A4 – Suspension & Steering 40
- A5 – Brakes 45
- A6 – Electrical/Electronic Systems 50
- A7 – Heating & Air Conditioning 50
- A8 – Engine Performance 50
- A9 – Light Vehicle Diesel Engines 50, ASE Master 자격요건이 아님

만약에 ASE 응시자가 하나 이상의 시험을 통과하고, 자동차 정비에서 최소한 2년의 실무 경력을 증명한다면 ASE 정비 자격 인증서 certificate, ASE 명찰 ASE shoulder insignia, ASE ID card를 수여 받는다. 만약 8종류의 모든 테스트를 통과하면 ASE Master 마스터 를 부여 받을 수 있다.

디플로마 diploma, 2년제 학위 과정의 자동차 정비과 Automotive service technician 학생들은 최대 1년까지 경력을 대체 부여 받을 수 있다. 단, 졸업증명서와 성적증명서를 ASE에 제출하고 승인여부를 확인 받아야 한다.

따라서 ASE에서 대체 경력 1년만 인정해 준다면 실무경력 1년만 있으면 ASE 자격 부여 받을 수 있다. 보통 미국의 고용주들은 채용 시 자동차 테크니션에 ASE 자격증을 요구한다.

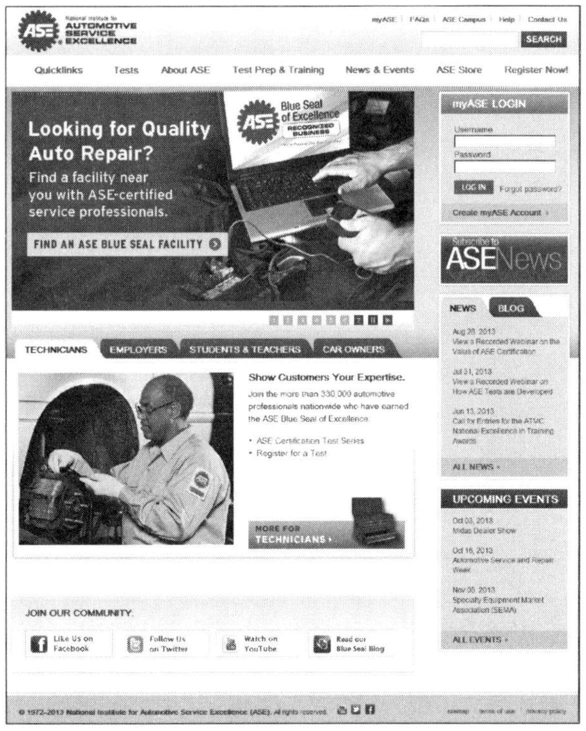

ASE 웹사이트 주소: www.ase.com

본격적인 ASE 시험 준비에 앞서서……

Engine Repair ^{Test A1}

Test specification and Task list 테스트 사양 및 작업 목록

Content Area	Questions in Test	Percentage of Test
A. General Engine Diagnosis 일반적 엔진 진단	15	30%
B. Cylinder Head and Valve Train Diagnosis and Repair 실린더 헤드 및 밸브 트레인 진단 및 수리	10	20%
C. Engine Block Diagnosis and Repair 엔진 블록 진단 및 수리	10	20%
D. Lubrication and Cooling Systems Diagnosis and Repair 윤활 및 쿨링 시스템 진단 및 수리	8	18%
E. Fuel, Electrical, Ignition, and Exhaust Systems Inspection and Service 연료, 전기, 점화 및 배기시스템 검사 및 서비스	7	14%
Total 전체	50	100%

** 참고로 컴퓨터 시험에서는 60문제가 출제될 수도 있다. 그러나 시험결과는 50문제를 기준으로 평가 계산한다. ASE에서 시험난이도에 따른 응시자 정답률 자료를 수집하기 위해서라고 한다. 어떤 문제가 자료수집을 위한 문제인지는 시험 중에는 알 수 없다.

시험결과가 70% 이상이면 패스 pass 이므로 계산상 35개 이상 맞아야 한다. 물론 A. 일반적엔진 진단에서 E. 연료, 전기, 점화 및 배기시스템 검사 서비스까지 다 잘하면 좋지만, 그렇지 못하다면 다음과 같이 조언하고 싶다.

응시자는 5가지 출제 분야에서 자신이 가장 자신있는 부분에 먼저 집중적으로 공부해 기본점수를 확실히 만들어 놓는다. 예를 들면 D. 윤활 및 쿨링 시스템에 자신이 있으면 먼저 이 출제분야부터 공부를 시작한다.

ASE에서 배포하는 출제가이드 중심으로 기본 서를 집중적으로 열심히 공부해 내공을 쌓아서, 이 부분에서 고득점을 얻도록 계획을 세운다. 소기의 목적을 달성하면 그 다음으로 자신있는 부분을 선택해 동일한 방법으로 반복한다.

상기와 같이 권하는 이유는 주로 출제되는 문제가 어떤 지식을 물어보는 문제가 출제되지 않고, 본인의 지식을 바탕으로 고장진단원인과 결과현상을 찾고, 결국 본인의 판단에 따라 정답을 선택하므로 내공이 필요하다. 내공의 깊은 지식과 경험과 시스템 이해를 포함한다.

주로 많이 기본서로 삼는 책들은 다음과 같다.

1. Automotive Technology : Principle, Diagnosis, and Service : James D. Halderman, Pearson Prentice Hall
2. Automotive Technology : A system approach : Jack Erjavec, Thomson Delmar learnig
3. Automotive mechanics : Crouse, Anglin, 10th edition, Mcgraw-hill
4. ASE test preparation series : Delmar cengage learning
5. Automotive technician certification 3rd edition Don Knowles, Delmar cengage learning

ASE 신청 절차

❶

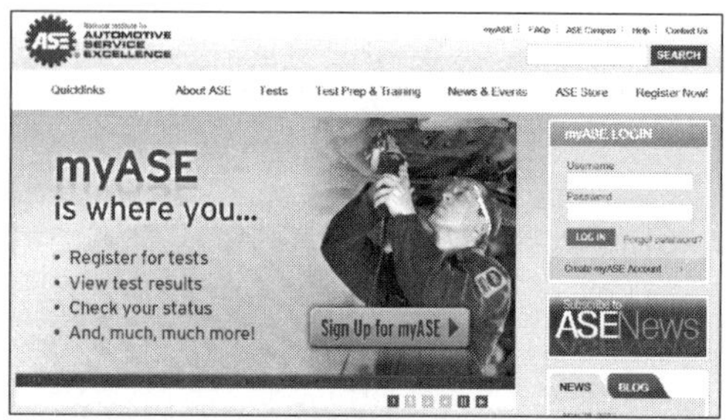

Create myASE Account
[신규 가입 등록] ✔ 클릭

❷

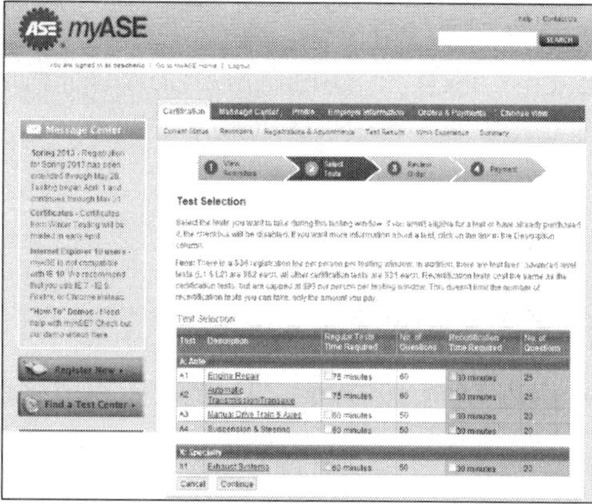

- First name* : 이름   • Middle initial : 생략 가능
- Last name* : 성   • suffix : 생략 가능
- Date of Birth* : 생년월일
- Last 4 Digits of SSN* : SSN 대신 "여권번호 끝 4자리"로 가능함.(SSN : Social Security Number 사회보장번호)

Submit 을 클릭

❸

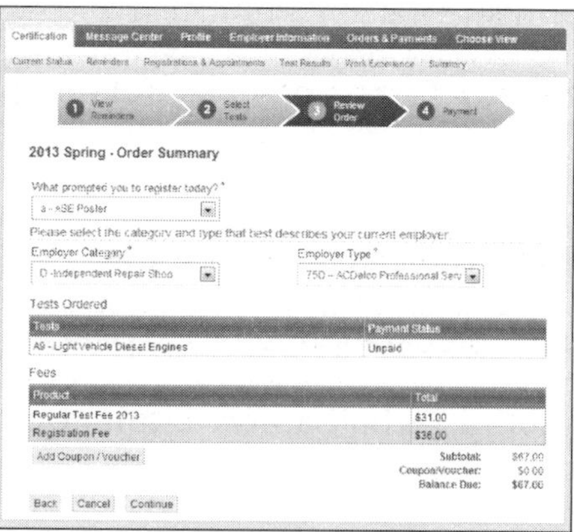

테스트를 받고자 하는 시험을 선택
Regular tests Time Required 을 클릭 후
Continue 을 클릭

❹

- what prompted you to register today?*
  금일 등록을 하게 된 동기는 무엇입니까?
- please select the category and type that best describes your current employer.
  현재 고용주를 가장 잘 설명하는 카테고리와 유형을 선택하십시오.
  - Employer category* : 고용주 카테고리 선택
  - Employer Type* : 고용주와의 유형
- Tests Ordered : 테스트 순서
- Payment status : 지불 상태
- Fees : 수수료   **Continue** 을 클릭

❺

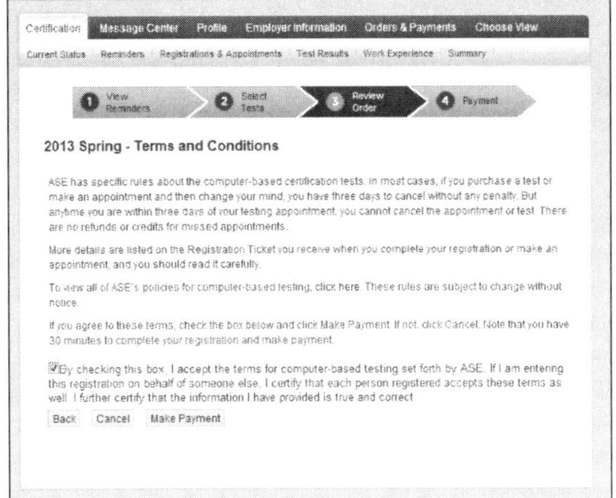

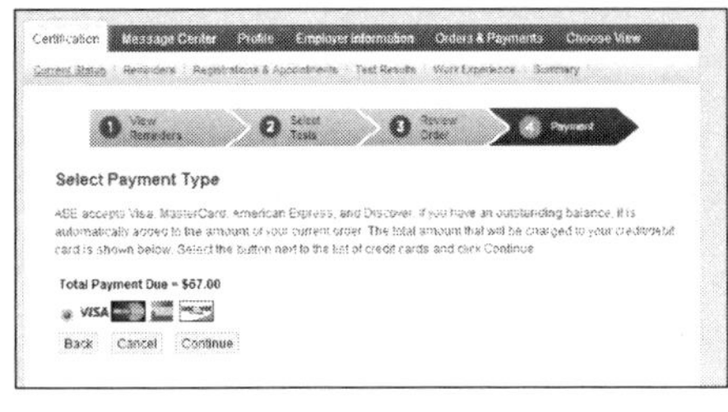

결제 유형 선택 후 Continue 을 클릭

ASE 시험에 관한 특정 규칙에 대한 설명
1. 3일 이내 취소 가능
   (테스트 받기 전 3일 내에는 취소할 수 없음, 환불이 되지 않음)
2. 받은 티켓의 주의 사항을 확인할 것
3. 컴퓨터에 저장된 ASE 정책에 대해 확인(Click here)
4. 입력한 정보가 확실한지 확인을 증명
Make Payment 을 클릭

❻

❻

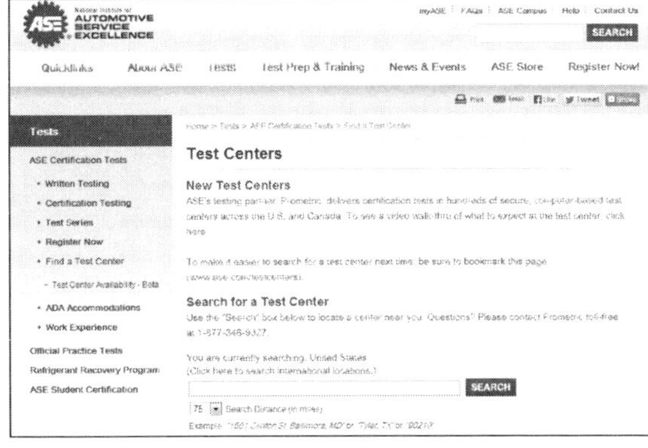

시험을 치르게 될 테스트 센터를 검색
SEARCH 을 클릭

❼

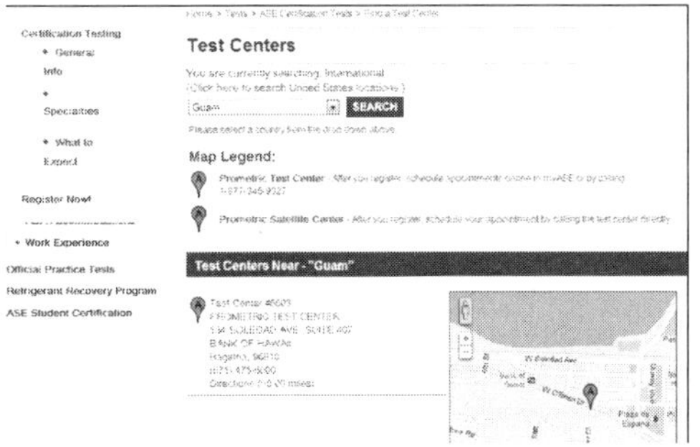

SSN에 관한 설명

ASE 시험 안내문에서 발췌

> **Bring your Photo ID with Signature**
>
> You are required to present one valid, unexpired government-issued photo ID with a signature. The name on your ID must match the name on your ASE record (shown above.) If you are testing outside of your country of citizenship. you must present a valid passport. Otherwise, you must present a valid passport, driver's license, state or national ID, or military ID. If you do not bring an acceptable ID, you will not be allowed to test and will forfeit your fees. All other personal items, including cell phones, must be placed in a locker for test security purposes, so please limit what you bring to the test center. you will be checked with a metal detector before you enter the testing room.

귀하의 사진과 서명이 있는 신분증을 가져 오십시오

귀하는 정부가 발행한 유효하면서도 기간이 만료되지 않은 사진과 서명이 있는 신분증을 지참해야 합니다. 귀하의 신분증에 있는 이름과 ASE 기록된 이름과 반드시 일치해야 합니다.

만약 자기나라가 아닌 타국에서 시험을 응시한다면, 귀하는 유효한 여권을 지참해야 합니다.
(참고 : 미국인에 해당하는 사항이지만, 외국인도 동일하게 적용된다고 유추 해석할 수 있다.)

만약 그렇지 않으면, 유효한 여권, 미국 운전면허증, 주정부 또는 연방정부 신분증 또는 군인 신분증을 반드시 지참해야 합니다. 만약 수긍할 수 없는 신분증을 가져온다면, 귀하는 시험에 응시할 수 없으며, 시험료는 반환이 안 됩니다. 기타 모든 개인 소지품은 휴대전화기를 포함해서 시험 보안 목적으로 사물함에 보관됩니다. 따라서 시험장에 가져오는 소지품을 제한해 주십시오. 시험장에 입장하기 전 금속 탐지기로 귀하를 점검할 것입니다.

ASE   Q/A에서 발췌

Do I have to provide my Social Security Number when I register?
● 등록할 때 SSN(사회보장번호)를 제공(명시)해야 합니까?

Answer : If you take written tests in 2010 or 2011, ASE will still ask for your SSN.
However, the new CBT system does not use SSNs, so they will be completely phased out by the beginning of 2012.
● 답변 : 만약 2010년 또는 2011년 페이퍼 시험을 본다면, ASE는 여전히 귀하의 SSN을 요구할 것입니다.
그러나, 새로운 CBT 시스템은 SSN를 사용하지 않습니다. 그래서 SSN은 2012년 초까지 단계적으로 완전히 배제될 것입니다.

차 례

UNIT 1 ──── 자동차 기술 영어의 이해

UNIT 2 ──── 테스트 사양 및 작업 목록

Chapter E 연료, 전기, 점화 및 배기시스템 검사 및 서비스 • **177**

UNIT 3 ———————————————————————— 부록

01

자동차 기술 영어의 이해

자동차 기술 영어의 이해

한국어와 영어의 차이

기본 5형식

자동차 기술 영어 공식

SAMPLE QUESTIONS ENGINE REPAIR

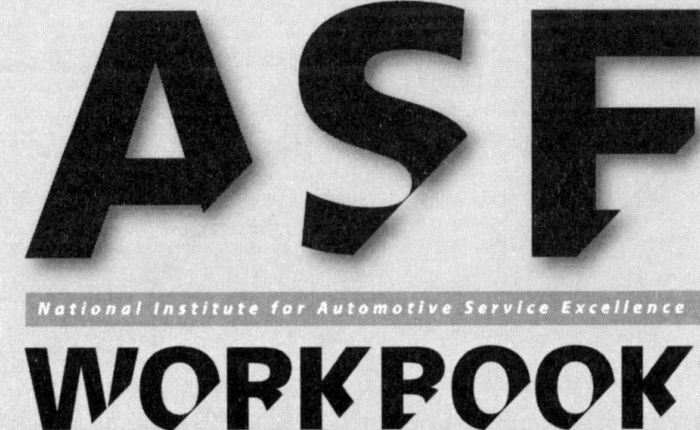

Chapter

자동차 기술 영어의 이해

ASE 자격취득에 관심은 많지만 영어에 대한 부담감으로 주저하는 분들을 위해 조금이나마 도움을 주고자 이 글을 쓴다. 영문법, TOEFL, TOEIC 같은 어학 시험 등이 어렵지, 자동차 정비 영어 자체는 그다지 어렵지 않다.

기존의 어려운 영문법 용어는 생각하지 말고, 또 영어를 우리말로 번역 하려는 습관도 버린다면 생각보다는 쉽게 자동차 기술 영어를 익힐 수 있다. 자동차 기술 영어에서 가장 중요한 것은 **정확한 의미 파악**이고, 일정한 형식으로 **표현되는 패턴**을 숙지하는 것이다. 그럼 본격적으로 자동차 기술 영어에서 어떻게 의미를 파악하는지 설명하고자 한다.

1. 한국어와 영어의 차이

I love you에서 "나는 너를 사랑한다"를 모르는 사람은 없다. 그러면 I 나 love 사랑한다 you 너 에서 어떻게 조사 "~는, ~를"은 어떻게 나오는 것인가? 한국말은 문장에서 "~는, ~를" 등이 일일이 열거되지만 영어는 **문장의 단어 순서** 어순 에서 결정된다.

예를 들면, 한국말은 조사가 다 붙어, 순서를 뒤섞어 놓아도 의미를 파악하는데 어려움이 크지 않다.

나는	사랑한다	너를
너를	사랑한다	나는
사랑한다	나는	너를
사랑한다	너를	나는

한국어에서는 어순이 바뀌어도 "나는 너를 사랑한다." 의미를 파악할 수 있다.

한국어의 특징을 잘 이해한 후, 영어의 특징을 한번 살펴보자.

영어문장에는 "~는, ~를" 같은 조사가 없고, **문장 안에서 단어 위치에 따라 결정된다.** I love you 또는 You love me에서 You는 문장 내 위치에 따라서 "너를" 또는 "너는"이라는 의미이고 각각 어순에 따라 "~는", "~를"이 따라 붙는다.

주어	동사	목적어
I	love	you
나는	사랑한다	너를

I는 주어이므로 "~는"라는 주격조사, You는 목적어이므로 "~를"이라는 목적격 조사가 붙는다.

반면에 You love me 문장을 살펴보면

주어	동사	목적어
You	love	me
너는	사랑한다	나를

You는 주어이므로 "~는"라는 조사가 붙고, me는 목적어이므로 "~를"이라는 조사가 붙는다. 다만, 영어에서도 I가 목적어 자리에 오면 me로 구분하여 표현한다.

> 영어에는 한국말과 같이 "~는" 하고 "~를" 보이지 않는다. 따라서 문장 내에서 단어 위치를 보고 "~는" 또는 "~를" 찾는 것이 중요하다.

2. 기본 5형식

종 류	문장 구조	자동차 기술 영어에서 표현 빈도수
1형식	주어 + 동사	보통
2형식	주어 + 동사 + 보어	표현 빈도수 높음
	예) Warpage is harmful to the engine. Excessive detonation can be harmful to the engine. 등	

종 류	문장 구조	자동차 기술 영어에서 표현 빈도수
3형식	주어 + 동사 + 목적어	표현 빈도수 가장 높음
	예) Some engines use an oil cooler The oil pump can deliver much oil A leakage test / on that cylinder shows that there is too much leakage. 등	
4형식	주어 + 동사 + 간접목적어 + 직접 목적어	보통
5형식	주어 + 동사 + 목적어 + 목적격 보어	보통
	예) a sticking oil pump pressure relief valve could **make oil pressure be too high.**	

도표에서 보듯이 자동차 기술 영어에서는 2형식과 3형식이 가장 많이 사용하며, 2형식과 3형식의 문장이 혼합하여 표현하기도 한다. 예를 들면

주 어	동 사	목적어
Technician A	says	that warpage is harmful to the engine.
정비사 A는	말한다.	warpage is harmful to the engine를

전체적으로는 3형식에 해당한다.

이젠 warpage is harmful to the engine의 의미만 파악하면 된다.

주 어	동 사	보 어
Warpage	is	harmful to the engine
비틀림 변형은	이다.	엔진에 유해한
	비틀림 변형은 엔진에 유해하다.	

이 문장은 2형식 문장이다. 따라서 전체문장은 2형식을 포함하는 3형식문장이라 할 수 있다.

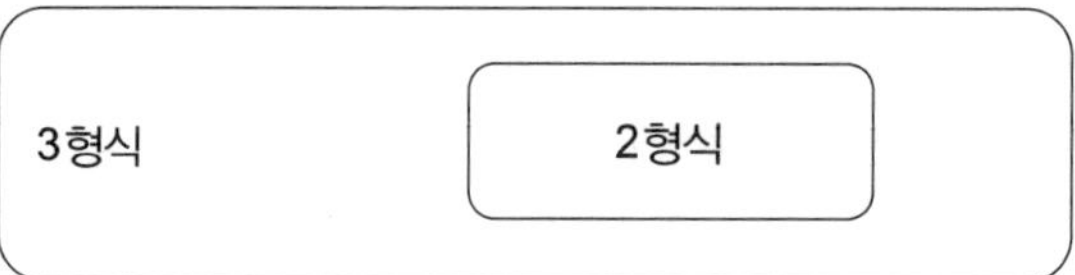

주어	동사	목적어		
		주어	동사	보어
Technician A	says	that warpage	is	harmful to the engine.
정비사 A는	말한다.	비틀림 변형은 엔진에 유해하다		
정비사 A는 비틀림 변형은 엔진에 유해하다라고 말한다.				

3. 자동차 기술 영어 공식

공식 1형식 문장

주 어	(주어 수식어)	동 사	수식어(전치사구)
는	(하는)	한다	

해설 1형식 문장의 핵심 요소는 주어, 동사이고, 수식어구는 문장의 의미를 보충해 줄 뿐이다.

— The yellow ABS indicator lamp comes on when the engine is running.

주 어	동 사	수식어구
The yellow ABS indicator lamp	comes on	in a malfunctioning.
황색 ABS 지시등이	들어온다	작동불량 시
작동불량 시 황색 ABS 지시등이 들어온다.		

공식 2형식 문장

주 어	be 동사	보 어
~는	이다	명사 또는 형용사

주 어	be 동사	보 어
Warpage	is	the result of overheating
비틀림 변형은	이다	오버히팅의 결과

해설 be 동사 다음에 명사가 오면 그 명사에 조사를 붙일 필요가 없다.
그냥 조사 없이 "명사 + 이다"라고 하면 된다.

주 어	동 사	보 어
Typical thrust Bearing clearance	is	0.002" to 0.012"
전형적인 스러스트베어링 간극은	이다	0.002인치에서 0.012인치

예문

주 어	동 사	보 어
Excessive backlash	will be	noisy
지나친 백래시는	일 것이다	시끄러운
시끄러운 + 일 것이다 = 시끄러울 것이다		

해설 be 동사 다음에 형용사가 오면 "~한", "~운" 등의 의미를 파악하면 된다.

공식 3형식 문장

주 어	동 사	목적어
~가, ~는	~하다	~에게
의미] (주어)가 (목적어)를 ~하다		

해설 3형식 기본 패턴은 주어 - 동사 - 목적어이다.

예문 Some engines use an oil cooler

주어 (~는)	동사 (~한다)	목적어 (를)
Some engines	use	an oil cooler
어떤 엔진들은	사용한다.	오일 쿨러를

공식 4형식 문장

주어	동사	간접 목적어	직접 목적어
~가, ~는	~주다	~에게	~을
의미] (주어)가 (목적어)를 (무엇)을 ~주다			

예문 Many sensors send the PCM a voltage signal.

주 어	동 사	간접목적어	직접목적어
Many sensors	send	the PCM	a voltage signal.
많은 센서들은	보낸다.	PCM에게	전압 시그널을
많은 센서들이 작동 조건에 변화에 직접 반응하여 PCM에게 전압시그널을 보낸다.			

공식 5형식 문장

주 어	동 사	목적어	목적보어
~가, ~는	~시키다, ~만든다	~를	~하도록, ~되게 등
의미 (주어)가 (목적어)를 (무엇)하도록 만든다.			

예문 A sticking oil pump pressure relief valve could make oil pressure be too high

주 어	동 사	목적어	목적보어
~가, ~는	~시키다., ~만든다.	~를	~하도록, ~되게 등
A sticking oil pump pressure relief valve	could make	oil pressure	be too high
끈적한 오일펌프 압력 릴리프 밸브는	만들 수 있다.	오일 압력을	매우 높게
끈적한 오일펌프 압력해제 밸브는 오일 압력을 매우 높게 만들 수 있다.			

공식 문장 형식의 응용

기본 문장형식에 각종 수식어가 복합된 예문들을 어떻게 해석하는지 설명한다.

예문 A leakage test on that cylinder shows that there is too much leakage.

문장에서 주어, 동사, 목적어의 찾아내면 의미파악은 쉽다.

주어	주어 수식어	동사	목적어
A leakage test[1]	on that cylinder	shows	that there is too much leakage[2].
누설 테스트는	저 실린더에서	보여준다.	지나치게 많은 누설이 있음을
저 실린더에서 누설테스트는 지나치게 많은 누설이 있음을 보여준다.			

해설 ❶ 문장 앞에 있는 a leakage test는 주어이고 그 뒤에 있는 on that cylinder는 주어를 수식하는 주어 수식어이다. 따라서 "저 실린더에서 누설테스트는"라고 해석한다.

❷ shows는 동사이다.

❸ that there is too much leakage가 that 명사절 전체가 "목적어"이다. 목적어가 한 문장이 될 수 있음을 보여준다. 명사절이기 때문에 "지나치게 많은 누설이 있음"이라고 해석한다.

예문 Technician A says that Part X shown is used to rotate the rotate the valve spring.

주 어	동 사	목적어		
		주 어	동 사	to 부정사
Technician A	says	that Part X shown	is used	to rotate the valve spring.
정비사 A는	말한다.	그림에 보이는 부품 X는	사용된다.	밸브 스프링을 회전시키는데
정비사 A는 그림에 보이는 부품 X는 밸브스프링을 회전시키는데 사용되는 것이라고 말한다.				

해설 ❶ 이 문장에서도 목적어는 "that 명사절"이다. 명사절이기 때문에 "~ 것을"이라는 조사가 붙는다.

❷ that 명사절 안에서 주어, 동사는 진짜 주어, 동사는 아니다. 다만, 명사절 내에서 주어, 동사의 기능을 할 뿐이다.

공식 **수동태**

흔히들 "아! 열 받아"라고 많이 사용하는데, 이 "열 받아"가 수동태 受動態, passive 문장이다. 수동태 문장은 주어 subject 가 무엇에 의해 당했다는 의미가 지니고 있음을 잘 이해해야 한다.

자동차 기술 영어에서 수동태 문장이 많이 표현될 수 밖에 없는 이유는 자동차 부품들이 무엇에 의해 고장 불량이 발생하고, 또 고장 난 부품들은 교환되어지기 때문이다. 고장 난 부품을 주어로 사용하면 의미상 수동태 문장을 사용할 수 밖에 없다.

---

1) **a leakage test** 누설 테스트
2) **leakage** 누설, 누유, 기밀이 샘

❶ 수동태 동사의 의미는 다음과 같이 "〜되어진다" 바꿔주면 된다.

동 사	수동태 동사 (be + ~ed)
check / 점검하다	be checked 점검 되어진다

주 어	수동태 동사	수식어
Main bearing oil clearance	can be checked	with plasticgage.
메인 베어링 오일 간극은	점검 되어질 수 있다.	플라스틱 게이지를 가지고

플라스틱 게이지를 가지고 메인 베어링 오일 간극은 점검되어 질수 있다.

❷ 수동태에서 주어를 목적어로 전환하고, 수동태 동사를 능동태 동사로 바꾸어 해석해도 의미는 동일하다. 예를 들면,

플라스틱 게이지를 가지고 메인 베어링 오일 간극은 점검 되어질 수 있다.

플라스틱 게이지를 가지고 메인 베어링 오일 간극**을 점검할 수 있다**.

주 어	수동태 동사	수식어
The diameter of the piston	sould be measured	at piston skirt
피스톤 직경은	반드시 측정되어져야 한다.	피스톤 스커트 (위치) 에서

반드시 피스톤 스커트에서 피스톤 직경은 측정되어져야 한다.
반드시 피스톤 스커트 (위치)에서 피스톤 직경**을** 측정한다.

❸ 수동태 동사는 "무엇에 의해 당했다"라는 의미가 내표되어 있으므로 다음과 같은 의미를 가진다.
- The **broken** piston : (무엇에 의해) **깨어진** 피스톤
- The **blown** head gasket : (무엇에 의해) **파손된** 헤드 개스킷

공식 **대명사**

대명사 代名詞 는 무엇을 대신하는 명사란 뜻이다. 우리가 흔히 "좀 거시기 해"라고 말할 때, 거시기가 대명사라 할 수 있다. 무엇이 거시기 할까? 친구가 밑도 끝도 없이 만나자마자 "좀 거시기 해" 하면 무슨 말하는 건지 모르겠지만, 문장으로 말할 때에는 "거시기"가 무엇인지 알 수 있다.

예를 들면 친구가 "초등학교 때 내가 속으로 좋아하던 동창을 어제 우연히 만났는데, 기분이 좀 거시기 하더라"라고 말한다면, 거시기란 "왠지 쑥스러우면서도 설레는 마음" 정도로 이해할 수 있을 것이다. "초등학교 때 좋아했던 동창"이란 말에서 거시기를 유추했기 때문이다.

자동차 기술영어에서도 마찬가지다. 자주 사용하는 표현되는 대명사로 it, one, that, those 등이 있는데, 대명사 앞에 있는 문장을 잘 읽어보면 대명사가 무엇을 대신하고 있는지 알 수 있다.

예문 The analog signal must be converted to digital so the computer can understand <u>it</u>.

아날로그 신호는 반드시 디지털로 변환되어야 하며 그래서 컴퓨터는 **그것**을 이해할 수 있다.

해설 이 문장에서 it이 대명사이고 "그것"을 의미를 갖는다. 앞서 말한바 같이 it이 대신하는 명사는 앞 문장 "The analog signal must be converted to digital"에 있다. 당연히 아날로그 신호 analog signal 은 아니고, 변환된 디지털 신호 Digital signal 임을 알 수 있다.

공식 **if 가정문 / if 조건절**

if 가정법과 if 조건절은 일견 비슷해 보이지만, 분명한 차이점이 있다.

만약 어느 승용차가 주행 중 엔진 꺼짐 현상이 발생한 후 재시동이 안 되어 근처 정비업소에 견인되어 왔을 때, 정비사는 일단 2개의 스파크플러그의 육안검사와 불꽃 점화시험을 했다. 이 상황에서

운전자는 "아 엔진고장만 없었다면, 지금쯤 설악산에 도착 했을텐데…." 라고 생각하고,

정비사는 "스파크 플러그의 외관이 심히 불량하더라도 일단 2개 모두 점화한다면, 적어도 시동불량의 근본원인은 아닐거야…." 라고 속으로 생각한다면,

먼저 운전자의 생각은 가정문이다. 지금 현재 사실을 반대로 가정하고 있기 때문이다. 반면 정비사의 생각은 조건문이다. 정비사의 생각은 "만약 스파크 플러그가 비록 낡고 상태가 좋지 않지만, 불꽃만 튄다면 최소한 시동만큼은 걸려야 한다."고 생각하고 있다. 이는 논리적으로 인과관계를 해석하고 있다. 주로 조건문은 고장진단 절차나 논리해석에 많이 사용된다.

❶ 단순 가정을 나타내는 가정법 현재 시제

`예문` If cylinders misfire[3], HC emissions **will** increase sharply.

만약 실린더가 실화한다면, HC 탄화수소[4] 배기가스는 급격히 증가할 것이다.

> `해설` 단순 가정을 나타내는 가정법 현재시제는 주절에 조동사 will을 사용한다는 문법적 규칙이 있다. 그러나 의미상으로만 구분한다면 가정문이냐 또는 if 조건문이냐는 그리 중요하지 않다.

❷ if 조건절

주절의 동사를 보면 조동사 will은 없고, 일반동사가 사용되었음을 알 수 있을 것이다.

`예문` If there is lack of power, measure the compression pressure

만약 파워 부족이 있으면, 압축압력을 측정하라 측정한다.

`예문` If the coolant is low, slowly add coolant up to the specified level.

만약 냉각수가 적다면, 천천히 규격레벨까지 냉각수를 보충한다.

`공식` 비교문

❶ 원급에 의한 비교 : 비교 대상의 정도가 같음을 의미한다.

as + 형용사/부사 + as	~ 만큼 ~한,
not so(as) + 형용사/부사 + as	~ 만큼 ~하지 않는
the same 명사 + as	~와 같은

---

3) **misfire** : 실화
4) **HC(hydrocarbon)** 탄화수소, 가솔린의 주성분

예문 The RPM drop won't be **as significant as** the other cylinders.

RPM 저하가 다른 실린더만큼 두드러지지 않을 것이다.

예문 Platinum is **not as good** a conductor **as** copper.

플래티넘은 구리만큼 좋은 전도체가 아니다.

❷ 비교급 : 비교 대상 사이에 정도의 더 우수하거나 열등한 차이가 존재한다.

~er than More 원급 than	~보다 ~한
The 비교급 ~, the 비교급	~할수록, ~하다.

예문 If an injector is leaking, fuel pressure will decrease **quicker than** normal.

만약 인젝터가 누유한다면, 연료압력은 정상보다 더 빨리 감소할 것이다.

예문 Platinum spark plugs cost **more than** copper plugs

플래티넘 스파크 플러그는 동 銅 플러그보다 가격이 더 비싸다.

예문 **The higher** a gasoline's octane rating, **the less likely** it is to explode

가솔린 옥탄가가 높을수록, 덜 폭발하려 한다 폭발성이 감소한다.

❸ 최상급

예문 **The most common cause** of block cracking is an engine overheating condition.

실린더 블록 균열의 가장 흔한 원인은 엔진 과열 상태 이다.

공식 **명령문**

영문 정비 매뉴얼을 보면 분해 및 조립 절차 등 상당한 부분이 명령문으로 되어있음을 알 수 있다.

❶ 명령문을 달리 표현하면 주어를 생략된 3형식 문장이 할 수 있다.

❷ 따라서 "동사 verb + 목적어 + 목적어 수식어…로 되어있다.

예문 *"For more information, see "Power Balance Testing" on page 130."*

"더 많은 정보를 원한다면, 130페이지에 있는 파워 밸런스 테스트를 참조하라"

공식 **삽입 구문**

삽입 구문이란 좀 더 생동감 있는 느낌을 주고자 문장 중간에 삽입된 구나 절을 말한다. 삽입구문은 문장 구성요소가 아니므로, 삽입구문의 의미가 애매하면, 아예 삽입구문을 생략하고 나머지 문장으로 의미를 파악한다.

예문 Emission control devices, **such as EGR valve, canister, and air pump**, are operated at predetermined times to increase efficiently.

주 어	삽입구문	동 사	수식어구	to 부정사
Emission control devices,	such as EGR valve, canister, and air pump,	are operated	at predetermined times	to increase efficiently.
배기가스 컨트롤 장치는,	예를 들면 EGR밸브, 캐니스터 및 에어 펌프 같은,	작동되어진다.	미리 정해진 시기에	효율을 높이기 위해서

배기가스 컨트롤 장치는, 예를 들면 **EGR** 밸브, 캐니스터 및 에어 펌프 같은, 효율을 높이기 위해서 미리 징해진 시기에 작동되어진다.

공식 to **부정사** Infinitive

❶ **부정사의 용법**

「to + 동사의 원형」을 부정사라고 하는데, 다음과 같은 세 가지 용법이 있다.

종 류	설 명	의 미
(1) 명사적 용법	부정사가 명사처럼 주어·목적어·보어로 쓰일 때이다.	**~ 하기, 하는 것**
(2) 형용사적 용법	to 부정사가 명사 뒤에서 그 명사를 수식하는 경우를 말한다.	**~하는, ~할**
(3) 부사적 용법	to 부정사가 부사와 같은 역할을 하며 여러 가지 뜻을 나타낸다.	**~하기 위하여**

정리하면 to 부정사는 크게 3가지의 의미 ~하는 것, ~하는, ~하기 위해서 를 가지고 있다. 일반 동사와 부정사를 비교 분석해 보면 다음과 같다.

동 사	to 부정사
Install the cylinder head 실린더 헤드를 장착하라	To install the cylinder head 실린더 헤드를 장착하는 실린더 헤드를 장착하는 것 실린더 헤드를 장착하기 위해서

해설 "하는", "하는 것", "하기 위해서"은 어떻게 선택하는가? 어떤 규칙이 있는 것은 아니고, 문장 안에서 가장 의미가 자연스럽게 연결되는 것으로 선택하면 된다.

예문 Which of these would cause a fuel‑injected engine **to have low fuel pressure?**

에서

Which of these would cause	a fuel-injected engine	to have low fuel pressure
다음 중 어느 것이 ~ 초래할 수 있겠는가?	연료 분사식 엔진을	낮은 연료 압을 갖는 낮은 연료 압을 갖는 것 낮은 연료 압을 갖기 위해서

해설 "낮은 연료압을 갖는 연료분사 엔진"이 가장 자연스럽다. 이렇듯 의미 중에서 가장 자연스런 것을 선택한다.

공식 **동명사** Gerund

동명사는 동사에 ~ing 붙여서 "~하는 것"으로 해석하고, 문자 그대로 동사를 명사처럼 사용하는 것이다. 따라서 명사처럼 사용하기 때문에 주어, 목적어 자리에 올 수 있다. 그러나 동사적 성질도 여전히 가지고 있어서 동명사 뒤에 오는 수식어를 목적어처럼 해석한다.

동사 keep	동명사 keeping
Keep the main bearing cap in order	Keeping the main bearing cap in order
순서대로 메인 베어링 캡을 보관하라	순서대로 메인 베어링 캡을 보관하는 것은

예문

주어(동명사)	주어 수식어 (동명사의 목적어)	동 사	보 어
keeping	the main bearing caps in order	is	very important.
유지 보관하는 것은	메인 베어링 캡을 순서대로	이다	매우 중요한
메인 베어링 캡을 순서대로 유지 보관하는 것은 매우 중요하다.			

`공식` 분사 ^particle / 분사 구문

자동차 기술영어에서 분사도 앞서 설명한 to 부정사, 동명사 못지 않게 중요하다. 예를 들면, 보통 과열 ~overheat 에 의해 균열이 발생한 알루미늄 헤드를 "cracked cylinder head"라 표현한다. 여기서 cracked는 분사이고 명사를 수식한다.

분사의 기능에는 명사를 수식해 주는 것 외에도 be 동사와 함께 사용하여 수동태의 동사 형태 ~be + participle 를 만든다.

- The **broken** piston : (무엇에 의해) **깨어진** 피스톤
- The **blown** head gasket : (무엇에 의해) **파손된** 헤드 개스킷

`공식` 분사 구문

분사 구문은 문장 전체를 수식하는 부사절에서 주어‑동사를 생략한 형태라고 할 수 있다. 자동차 기술 영어에서는 보통 "~하면서, 하는 등"로 해석하는 경우가 가장 흔하다. 형태는 "동사원형 + ing"의 형태로 만든다.

— Wheels may lock during hard braking, **reducing** steering capability.

주 어	동 사	수식어	분사구문
Wheels	may lock	during hard braking,	**reducing** steering capability.
휠은	잠길 수도 있다	급정거 중에,	조향력이 감소하면서
조향력이 감소하면서, 급정거 중에 휠이 잠길 수도 있다.			

`공식` 관계대명사 ^relative pronoun : that

관계 대명사 that은 앞에 있는 명사를 수식한다.

`예문` The knock sensor is a piezoelectric device **that** converts engine knock vibration into a voltage signal.

`해설` 관계대명사 "that~"은 앞에 있는 명사 "압전장치"를 수식한다.

주어	동사	보어 (=선행사)	보어(선행사) 수식어
The knock sensor	is	a piezoelectric device[5]	**that** converts[6] engine knock vibration into a voltage signal.
노크 센서는	이다.	압전장치	엔진노크 진동을 전압 신호로 전환시켜주는
노크 센서는 엔진노크 진동을 전압신호로 전환시켜주는 압전장치이다.			

공식 관계대명사 : what

관계 대명사 what은 "**~하는 어떤 것 또는 무엇**"이라고 해석할 수 있다.

예문 The PCM does not know **what the true cause is** and will enrich the mixture in response to the signal of O_2 sensor.

PCM은 **진짜 원인이 무엇인지**를 알지 못하고, 산소센서의 신호에 따라 혼합비를 농후하게 할 것이다.

공식 관계대명사 : which

which의 계속적 용법이 자주 사용되며, 앞 문장 전체를 의미한다.

예문 All the fuel that enters a cylinder is burned and converted to power, **which** is used to move the vehicle.

all the fuel that enters a cylinder is burned and converted to power,	**which** is used to move the vehicle.
실린더에 들어가는 (모든) 연료는 연소하여 동력으로 전환한다.	이것은 자동차를 움직이는데 사용된다.

해설 which는 "실린더에 들어가는 모든 연료는 연소하고 동력으로 전환한다"를 의미 한다.

---

5) **a piezoelectric device** : 압전장치
6) **convert A into B** : A를 B로 전환시키다.

공식 관계대명사 : Who

사람을 수식하는데 사용하는 대표적인 관계대명사는 **Who**이다. 자동차 기술영어에서 whose/whom은 자주 표현되지 않는다.

예문 The person **who** greets[7] customers at a service center is the service adviser.

주 어	주어수식어 (관계대명사 who)	동 사	보 어
The person	**who** greets customers at a service center	is	the service adviser.
사람은	서비스 센터에서 고객을 환대하는	이다	서비스 어드바이저
서비스 센터에서 고객을 환대하는 사람은 서비스 어드바이저이다			

공식 의문사 why, how 등 명사절

예문 It is easy to understand **why** ignition systems are so complex.

주 절		의문사 명사절
It is easy to understand	**why**	ignition systems are so complex.
이해하는 것은 쉽다	이유를	점화 시스템이 매우 복잡한
왜 점화 시스템이 매우 복잡한지 이유를 이해하는 것은 쉽다.		

공식 등위 접속사

단어와 단어, 구와 구, 문장과 문장을 동등한 위치에서 연결시켜 주는 접속사를 등위 접속사라 한다.

예문 Replcae the cap **and** install the nuts

캡을 교체**하고** 너트를 장착하라.

---

7) **greet** 환대하다.

예문 An engine with good relative compression **but** high cylinder leakage past the rings is typical of a high-mileage worn engine.

압축상태는 상대적으로 그리 나쁘지 **않으나** 실린더 누설이 매우 심한 엔진은 전형적인 주행거리가 매우 큰 노후된 엔진이다

예문 A low reading might be caused by retarded ignition timing **or** incorrect Valve timing

지각된 이그니션 타이밍 **또는** 부정확한 밸브 타이밍

공식 등위 상관 접속사의 용법

both A and B	A와 B 둘 다
not only A but also B	A뿐 아니라 B도 역시 [동사는 B에 일치]
either A or B	A나 B 둘 중에 하나 [동사는 B에 일치]
neither A nor B	A도 아니고 B도 아니다. [양자 부정]
not A but B :	A가 아니고 B이다

예문 Rich air/fuel mixture will cause **both** excessive CO emission **and** poor fuel economy.

농후한 공연비는 과다 CO 가스와 연비악화를 초래할 것이다.

공식 부사절 종속 접속사

부사절 접속사는 주절의 의미를 보충적 또는 더 구체적으로 수식해 주는 역할을 한다.

앞에 오는 경우	**When an engine is reconditioned**, the main bearings should be replaced.
뒤에 오는 경우	The yellow ABS indicator lamp comes on **when the engine is running**.

3.1 시간 관련 종속 접속사

예문 **When** an engine is reconditioned, the main and rod bearings should be replaced.

엔진이 재수리될 **때**, 메인 및 로드 베어링이 교체되어져야 한다.

예문 **While** inspecting the parts, check the bearings for damage.

부품을 검사하는 **동안에**, 손상이 있는지 베어링을 검사하라.

예문 **Once** the compression are performed, a technician is ready to evaluate the engine's condition.

일단 압축이 완료**되면**, 테크니션 정비사 는 엔진 상태를 평가할 만한 준비.

3.2 조건 관련 종속 접속사

예문 **Unless** the technician has experience in listening to and interpreting engine noises, it can be very hard to distinguish one from the other.

만약 정비사가 엔진노이즈의 소리 또는 진단을 경험해 보지 **않았다면**, 그것들을 구별하는 것이 매우 어려울 수 있다.

예문 **Primary** current continues to flow **as long as** the vane is in the air gap.

베인이 에어 갭 사이에 **있는 한** 1차 회로 전류는 계속 흐른다.

3.3 양보의 의미를 갖는 종속 접속사

예문 **Although** platinum is an extremely durable material, it is an expensive precious metal; **therefore**, platinum spark plugs cost more than copper plugs.

비록 플래티넘은 극도의 내구성 재료이지만, 매우 비싼 귀금속이다. **따라서** 플래티넘 플러그는 동 銅 플러그보다 더 고가이다.

3.4 이유, 목적, 결과의 의미를 갖는 종속 접속사

예문 The catalytic converters are referred to as three‑way catalysts, **since** they act on HC, CO and NOx.

촉매 변환기는 3원 촉매로 불린다. **왜냐하면** 3원 촉매는 HC, CO, NOx에 작용하기 **때문이다.**

예문 Do not use oil additives, **as** these may result in engine damage.

오일 첨가제를 사용하지 마십시요. **왜냐하면** 이것들은 엔진손상을 유발할 수 있기 **때문입니다.**

예문 **As** the compression ratio increases, the octane rating of the gasoline should also be increased to prevent abnormal combustion.

압축비가 상승하기 **때문에,** 이상 연소를 예방하기 위해서 가솔린 옥탄가 역시 증가되어져야 한다 의역하면 더 높은 옥탄가 휘발유를 사용해야 한다.

공식 조동사 Can, could

조동사 can, could는 "발생 가능성, ~할 수 있다."로 많이 사용된다.

예문 Adjustment of the TP sensor **can be made** on some engines.
일부 엔진에서는 스로틀 포지션 센서의 조정을 **할 수 있다**.

공식 May, might

조동사 may(might)는 두 가지 의미로 많이 사용된다.
① 허락/허가 ~해도 좋다.
② 추측/불확실 일 수 있다 또는 ~일지 모른다.

이 중에서 자동차 기술 영어에서는 대부분 ② 추측/불확실의 의미로 많이 표현된다.

예문 A defective ECT sensor **may** cause some of the following problems: hard engine starting.
고장난 ECT 센서는 다음의 문제 "엔진시동불량"을 **초래할 지도 모른다** = 초래할 수도 있다.

예문 A defective throttle position sensor **may** cause acceleration stumbles, engine stalling, and improper idle speed.
고장난 스로틀 포지션 센서는 가속 불량, 엔진 스톨링 그리고 아이들 스피드 불량을 **초래할 수도 있다** = 초래할 지도 모른다.

`공식` **Must**

조동사 must의 가장 큰 의미는 "반드시 ~해야 한다"하는 강한 의무 또는 명령의 의미가 있다. 특히 자동차 정비 매뉴얼 또는 운전자 매뉴얼을 보면 must 또는 should를 사용하여 반드시 지켜야 할 주의사항에 대해서 설명한다.

`예문` If the wires have higher resistance than specified, the wires **must** be replaced.
만약 와이어 의 저항 이 규정값보다 높게 나오면, 그 와이어는 **반드시** 교체**되어야 한다.**

`예문` Cylinders **must** be honed after boring.
실린더는 **반드시** 보링 후에 호닝을 **해야 한다**.

`공식` **Should**

조동사 should는 "~해야 한다" 또는 "~이어야 한다"의 의미이다.

`예문` Both sensor wires **should** indicate less resistance than specified by the vehicle manufacturer.
양 센서 와이어는 자동차 제조사에 의해 명시된 규격보다 낮은 저항을 지시**해야 한다.**

`예문` Connecting rod side clearance **should** be checked with a feeler gauge.
컨넥팅 로드 사이드 간극은 필러게이지로 검사**하여야 한다.**

공식 Will, would

조동사 will, **would**는 미래의 발생 또는 실현 의지를 표현한다. 자동차 기술영어에서는 단순히 미래의 발생에 대한 의미로 많이 표현된다.

예문 A bad sensor **will** typically have a glitch (a downward spike) somewhere in the trace.

불량한 센서는 전형적으로 파형 어디에선가 결함 glitch 을 가지게 **될 것이다**.

공식 전치사

전치사의 문법적 이해보다는 전치사가 가지는 고유의 뜻을 단어 암기하듯 외우는 것이 최선이다.

예문 The crankshaft does not rotate directly **on** the main or rod bearings.

크랭크샤프트는 메인 베어링 또는 로드 베어링 **위에서** 직접 회전하지 않는다.

예문 Instead it rides on a thin film of oil trapped **between** the bearing **and** the crankshaft.

그 대신에 베어링과 크랭크샤프트 **사이에서** 있는 얇은 오일 막 위에 안착한다.

예문 The soft material used to construct the bearings allows impurities to embed **into** it.

베어링을 구성하는데 사용되는 연한 재료는 불순물이 베어링 **안으로** 박히도록 허용한다.

`예문` Flex plates generally crack **around** the mounting hole area.

플렉스 플레이트의 마운팅 홀 **주변에는** 일반적으로 균열이 많다.

`예문` The harmonic balance should be inspected **for** sign of wear in its center bore.

하모니 밸런스는 그 센터 보어에 마모흔적이 (있는지에) **대하여** 검사되어져야 한다.

`예문` The three way catalytic converters contain precious metals that serve **as** catalysts.

3원 방식 촉매 변환기는 촉매**로서** 작용하는 귀금속을 함유하고 있다.

`예문` Power losses occur because of the friction generated **by** the moving parts.

출력손실은 작동하는 부품에 **의해** 생성되는 마찰 때문에 발생한다.

`예문` **In addition to** metal destruction, rust also acts to insulate and prevent proper heat transfer inside the cooling system.

금속 파괴 **외에도**, 녹은 또한 단열 작용하고 냉각시스템 내부로 적당한 열전달을 방해한다.

Chapter

2

SAMPLE QUESTIONS
ENGINE REPAIR TEST A1

다음은 ASE에서 배포하는 A1. Engine Repair 시험가이드의 일부분이다. 질문이나 문장 패턴이 일정한 형식에 따라 구성되고 있다.

01. Technician A says that part X shown is used to rotate the valve spring. Technician B says that part X shown above is used to correct installed spring height. Who is right?

(A) A only   (B) B only

(C) Both A and B   (D) Neither A nor B

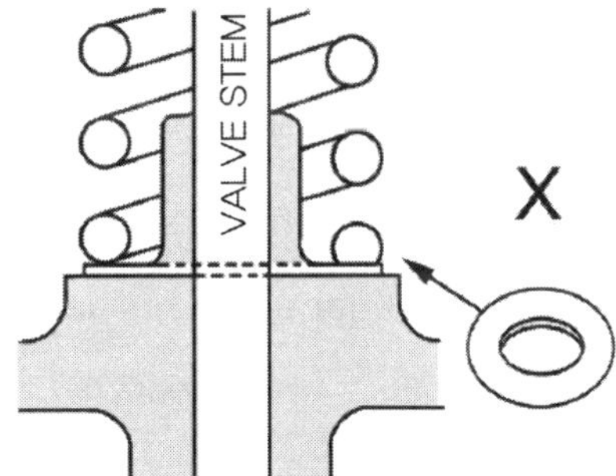

번역 정비사 A : 그림에 보이는 부품 X는 밸브 스프링을 회전시키기 위해서 사용한다. 정비사 B : 그림에 보이는 부품 X는 장착된 스프링 높이를 교정하기 위해 사용한다.

(A) A만   (B) B만   (C) A와 B 모두   (D) 둘 다 아니다

그림에 나오는 부품은 심이다. 조립 장착된 밸브 스프링의 높이는 중요하다. 밸브 스프링 높이가 너무 크면 주행 중 밸브의 떨림 현상이 발생할 것이고, 너무 작으면 밸브 시트나 밸브페이스 등 마모가 심해질 것이다. 따라서 심을 사용하여 정비규격에 맞게 조정한다. 정비사 B가 맞다. 정비사 A는 밸브 로테이터 valve rotator와 혼동을 유발시킨다. 밸브 로테이터는 밸브를 강제로 회전시킨다. 밸브를 회전시킴으로서 탄소퇴적물 carbon deposit 이 밸브 페이스 valve face 에 쌓이는 것을 방지하기 위해서이다. 정비사 A는 틀리다.

정답 B

02.

A compression test shows that one cylinder is too low. A leakage test on that cylinder shows that there is too much leakage. During the test. air could be heard coming form the tail pipe. Which of these could be the cause?

(A) Broken piston rings

(B) A bad head gasket

(C) A bad exhaust gasket

(D) An exhaust valve not seating

번역 압축시험 결과, 한 개의 실린더에서 (**압축압력이**) 매우 낮게 나왔다. 그 (**불량**)실린더에서 누설 시험을 한 결과, 매우 심한 누설이 발생하였다. 이 테스트 동안에, 공기는 테일 파이프를 통해 빠져 나온다. 다음 어느 것이 원인이 되겠는가?

(A) 피스톤 링 파손

(B) 헤드 개스킷 불량

(C) 배기 개스킷 불량

(D) 배기 밸브가 밸브 시트와 잘 접촉되지 않음

누설 테스트에서 공기가 어느 방향, 어느 부품으로 빠져 나오느냐가 고장 진단의 핵심이다. 배기 밸브가 밸브 시트에 제대로 잘 안착되지 않으면, 빈틈이 생길 것이고, 공기는 이 틈을 빠져나가 결국 테일 파이프 쪽으로 나온다. 보기 (A) 피스톤 링 파손되었다면, 공기는 오일 딥스틱 또는 밸브커버를 통해 빠져 나올 것이다. 보기 (B), (C)는 개스킷 불량이 불량하다면 공기는 근처 실린더에서 빠져 나올 것이다.

정답 D

03.

Technician A says that main bearing oil clearance can be checked with plastigage. Technician B says that main bearing oil clearance can be checked with a feeler gauge. Who is right?

(A) A only

(B) B only

(C) Both A and B

(D) Neither A nor B

번역 정비사 A : 메인 베어링 오일 클리어런스는 플라스틱 게이지로 측정할 수 있다. 정비사 B : 메인 베어링 오일 클리어런스는 필러게이지로 측정할 수 있다. 누가 옳은가?

(A) A만　　　(B) B만　　　(C) A와 B 모두　　　(D) 둘 다 아니다

메인 베어링 오일 간극은 플라스틱 게이지로 측정한다. 필러 게이지는 주로 직각자와 함께 사용하여 실린더 블록의 덱이나 실린더 헤드 등의 평면도를 측정하는데 사용한다. 메인 베어링 오일 간극을 필러게이지로 측정할 수는 없다.

정답 B

04.

An Engine is using too much oil. Technician A says that worn valve guides could be the cause. Technician B says that tapered cylinder walls could be the cause. Who is right?

(A) A only

(B) B only

(C) Both A and B

(D) Neither A nor B

번역 엔진의 오일 소모가 매우 심하다. 정비사 A : 밸브 가이드 마모가 원인이 될 수 있다. 정비사 B : 테이퍼 된 실린더 벽이 원인이 될 수 있다. 누가 옳은가?

(A) A만　　　(B) B만　　　(C) A와 B 모두　　　(D) 둘 다 아니다

오일 소모가 심한 원인으로 밸브 스템/밸브 가이드 마모, 실린더 벽의 테이퍼/마모, 피스톤 링의 파손/마모, PCV 밸브 막힘, 외부 누유 등 다양한 원인이 존재한다. 정비사 A와 B 모두 옳다.

정답 C

05.

A compression test has been made on an in-line 4-cylinder engine. Cylinders 2 and 3 have readings of 10psi. Cylinder 1 has reading of 140psi and cylinder 4 has a reading of 145psi. Technician A says that these readings could be caused by a blown head gasket. Technician B says that these readings could be caused by wrong valve timing. Who is right?

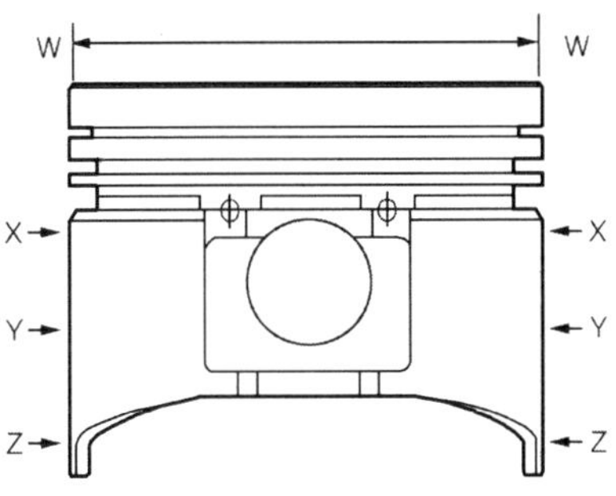

(A) A only

(B) B only

(C) Both A and B

(D) Neither A nor B

번역 압축테스트를 인-라인직렬 4 실린더 엔진에서 실시하였다. 실린더 2번과 3번에서 10psi의 측정값이 나왔다. 실린더 1번은 140psi, 실린더 4는 145psi였다. 정비사 A : 이 측정값은 파손된 헤드 개스킷에 의해 발생할 수 있다. 정비사 B : 이 측정값은 잘못된 밸브 타이밍에 의해 발생할 수 있다. 누가 옳은가?

(A) A만(B) B만　　　(C) A와 B 모두　　　(D) 둘 다 아니다

압축테스트 실시결과 측정값이 낮게 나온다면 원인은 밸브, 피스톤, 실린더, 헤드개스킷, 밸브타이밍 등이 있다. 문제에서 인라인 엔진의 실린더 2번과 3번의 압축압력이 매우 낮게 나온데 주목한다. 인접한 두 실린더 사이에서 헤드개스킷이 파손되었다면 동시에 압축 기밀유지가 되지 않을 것이다. 정비사 A는 옳다. 반면에 밸브 타이밍이 잘못 되었다면 모든 실린더에서 압축압력이 적게 나올 것이므로 정비사 B는 틀리다.

정답 A

02

테스트 사양 및 작업 목록

A. 일반적인 엔진 진단

B. 실린더 헤드 및 밸브 트레인 진단 및 수리

C. 엔진 블록 진단 및 수리

D. 윤활 및 냉각 시스템 진단 및 수리

E. 연료, 전기, 점화 및 배기시스템 검사 및 서비스

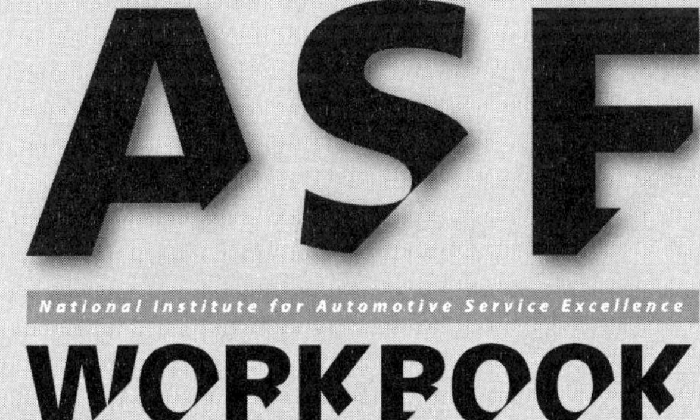

Chapter

A

General Engine Diagnosis^{15 Questions}

A. 일반적인 엔진 진단 15문항

1.1 자동차 엔진의 고장현상 파악

— Verify driver's complaint and/or road test vehicle; determine necessary action.

- 고객으로부터 엔진의 고장현상을 주의 깊게 들은 후, 그 증상을 재확인하고 필요시 주행검사를 실시해 증상을 재확인할 수도 있다.

- 각 자동차 제조사가 제공하는 **TSB** technical service bulletins 검색하여 고장현상과 유사한 또는 관련된 정보를 얻을 수 있다. 주행검사 시 엔진의 주행성능 가속불량, 노이즈 등을 주의 깊게 관찰한다.

- 항상 고장 진단을 시작할 때는 가장 쉽고 빠른 테스트부터 실시한다. Always start with the easiest, quickest test

예를 들어 엔진 꺼짐 engine stall 발생하는 경우, 체크 기록항목은 다음과 같다.

- 시동 후 바로 엔진 꺼짐 **Soon after starting**

- 엑셀 페달을 밟으면 엔진 꺼짐 **After acceleration pedal depressed**

- 엑셀 페달을 놓으면 엔진 꺼짐 **After accelerator pedal released**

- A/C 작동 중 엔진 꺼짐 **During A/C operation**

- 중립 N 에서 드라이브 D 로 변속 시 엔진 꺼짐 **Shift from N to D**

1.2 엔진 시동성 불량 고장 진단 및 원인 분석

— Determine if no-crank, no-start, or hard starting condition is an ignition system, cranking system, fuel system, exhaust system, or engine mechanical problem.

1. 크랭킹 불량 No cranking : 스타터 모터 자체가 작동하지 않는 경우

1	배터리 방전 Battery is dead	배터리의 전압이 12.6V인지 측정한다. 전압강하 테스트 시 적어도 9.6V 이상이어야 한다. 9.6V 이하이면 배터리 방전이다.
2	스타팅 회로 개회로 Starting circuit open	배터리 12V가 스타트모터까지 오는지 확인한다. 퓨즈, 릴레이, 이그니션 스위치 불량 확인
3	자동 변속기 인히비터 스위치 불량 수동변속기의 클러치 스위치 불량. Transmission is defective 예) inhibitor switch fault, clutch switch fault	스타팅 안전 스위치 starting safety switch를 확인한다. 자동 변속기의 파크 park 또는 중립 neutral에 있을 때 수동 변속기에서 클러치 페달을 밟았을 때 스타팅 안전 스위치의 폐회로9)이여야 한다. 다른 기어 포지션에 있을 경우에는 스위치는 개회로9) 있어야 한다.

---

8) **폐회로 close circuit :** 스위치가 닫힌 상태(ON)되고 정상적으로 전원공급이 이루어지는 상태.

9) **개회로 open circuit :** 예를 들면 스위치가 off인 상태, 와이어가 단선인 경우, 접지가 안 된 경우와 같이 회로에 전원공급이 정상적이지 못한 상태를 말한다.

2. 크랭킹은 양호하지만, 엔진 시동이 안 걸리거나 No start, 힘들게 걸리는 경우

엔진은 크랭킹은 되는데, 엔진시동이 걸리지 않는 경우에는 불량원인을 점화시스템, 연료시스템, 그리고 엔진의 기계적 문제로 구별하여 그 원인을 찾아낸다. 우선 간단한 검사를 통해 쉽게 발견할 수 있는 기본 불량원인부터 하나씩 제거해 나간다.

(1) 점화시스템

엔진 크랭킹 시 스파크 플러그 테스터를 연결하여 점화불꽃을 확인한다. 스파크 플러그 테스터를 사용하면 약한 점화에너지를 식별할 수 있다. 만약 점화불꽃이 양호하면, 점화시스템을 주된 불량원인은 아니다. 드라이버 등을 통해 점화불꽃을 확인하면 약한 점화에너지를 양호한 것으로 오판할 수 있다.

(2) 연료시스템

슈레이더 밸브 Schrader valve 가 있는 연료시스템이면, 여기에 연료 압력게이지를 연결하여 연료압을 측정하고 규정값과 비교한다. 슈레이더 밸브가 없는 연료시스템은 연료필터에서 연료압력 게이지를 연결한다. 연료압이 적은 경우에는 연료펌프 fuel pump 불량 또는 연료필터 막힘 clogged fuel filter 불량이다.

연료펌프는 엔진 스타트 또는 구동 running 시, 그리고 컴퓨터가 크랭크샤프트 포지션 센서 CKP로부터 신호 펄스를 받는 동안에는 계속 작동된다. 만일 크랭크 포지션 센서로부터 컴퓨터로 신호 펄스가 오지 않으면 컴퓨터는 2초 후에 연료펌프 작동을 중지시킨다.

연료레일 fuel rail 의 연료 압력은 연료 압력 조절기 fuel pressure regulator에 의해 284~325Kpa 41~47psi 의 압력으로 유지된다. 연료 압력이 상승하면 일부 연료가 연료 압력 조절기를 통해 연료탱크로 복귀한다.

(3) 배기시스템 문제

EGR 밸브가 크게 열린 채로 고착 stuck opened되었다면, 시동 시 배기가스가 EGR 밸브를 통해 실린더로 유입되어 연소를 방해한다. 이로 인해 시동이 불량해 지거나 꺼짐10)이 발생할 수 있다.

진공 펌프 vacuum pump 를 이용하여 EGR valve가 양호하게 작동하는지 확인한다.

(4) 기계적 문제

주로 엔진의 기계적인 문제 mechanical problem 는 피스톤, 밸브 등이 원활하게 작동하지 않는 경우이다.

흡기 매니폴드에서 진공상태가 누설되면 실린더 안에서 실화가 되어 시동성이 저하될 수 있다.

1.3 연료 누유, 오일 누유, 냉각수 누수 불량 진단 및 원인 파악

— Inspect engine assembly for fuel, oil, coolant, and other leaks; determine necessary action.

- **연료 누유** fuel leak : 호스 크램프와 피팅의 이완 loose hose cramp and fitting, 연료 파이프의 찌그러짐 및 균열손상, 연료압력조절기 O-ring 등을 검사한다.

- **오일 누유** oil leak : 밸브 커버 개스킷 Valve cover gasket, 오일 팬 개스킷 Oil pan gasket, 프론트 메인 실 Front main seal, 리어 메인 실 Rear main seal, 오일 압력센서 Oil pressure sensor 등을 검사한다.

- **냉각수 누수** coolant leak : 만약 냉각수 압력 테스터 coolant pressure tester 로 압력을 25psi로 가하고 10분 뒤에 약 5psi까지 떨어진다. 이때 외부에 누수가 없다면, 헤드 개스킷 파손 blown head gasket 또는 히터코어 누수 heater core leak 일 수 있다.

---

10) **stall_** 시동 후 바로 엔진 꺼짐 현상

1.4 엔진 노이즈 Engine Noise 및 진동 Vibration

— Listen to engine noises and vibrations; determine necessary action.

> **Tip** 반드시 1~2 문제가 출제된다. 주로 질문에서 노이즈 종류와 발생 시기를 묻고, 어떤 부품이 고장 또는 불량인지를 묻는다.

노이즈 종류	발생 시기	노이즈 발생 원인
큰 굉음 소리 thumping noise	공회전 시 (아이들, idle)	플라이휠 볼트 풀림에 의한 노이즈 loose flywheel bolt
	엔진 시동 시 engine start	메인 베어링 마모 worn main bearing
묵직한 노킹 소리 heavy knocking noise	공회전 시 (아이들, idle)	커넥팅 로드 베어링 마모 worn connecting rod bearing
톡톡 소리 rapping noise	가속 시	피스톤 링, 실린더 벽 마모 worn piston & cylinder
더블 클릭 소리 double click noise	공회전 시 (아이들, idle)	피스톤 핀 마모 worn piston pin
(마우스) 클릭 소리 clicking noise	공회전 시 (아이들, idle)	리프트 불량 또는 오일부족 faulty lifters, low oil level

- 엔진에서 들리는 노이즈가 엔진 내부에서 나는 노이즈인지 엔진 외부 예, 벨트, 워터 펌프 에서 발생하는 노이즈인지부터 구별한다.

- 필요시 서펀틴 벨트 serpentine belt 를 제거한 후 엔진을 작동시켜보면 엔진 내부 노이즈 인지 외부 노이즈인지 구별할 수 있다. 벨트 제거 후 노이즈가 사라진다면 엔진 외부 노이즈이다. 정확한 진단을 위해서 청진기 stethoscope 를 사용할 수 있다.

- 엔지 마운트 engine mount 또는 트랜스미션 마운트 transmission mount 파손은 노이즈와 진동 을 유발한다. 엔진 마운트가 심하게 파손되었다면 전형적인 증상 typical symptom 으로 후 진 변속 Reverse 시에는 발생하지 않고 전진변속 Drive 시에만 발생한다.

1. 피스톤 노이즈 Piston Noise

❶ **피스톤 슬랩** piston slap : 보통 냉각된 엔진 cold engine[11] 에서 발생하며, 가속 시 노이즈가 커지는 경향이 있다. 보통 랩핑 노이즈 rapping Noise 라 부른다.

발생원인은 다음과 같다. ① 피스톤 마모 worn piston, ② 실린더 벽 마모 worn cylinder wall, ③ 커넥팅로드 얼라인 불량 Misaligned connecting rod, ④ 과다한 피스톤 간극 불량 excessive piston clearance, ⑤ 오일부족 oil starvation 으로 인한 베어링 과다 마모 excessive worn bearing 등이다.

해당 실린더의 스파크 플러그 와이어를 분리하면 노이즈가 작아질 수 있다. 또는 엔진이 정상작동온도에 도달하면 노이즈가 감소하거나 멈출 수 있다.

❷ **피스톤 링** piston ring : 피스톤 링 마모, 피스톤 링 랜드 land 가 파손 되었다면, 엔진 가속 시 고음의 래틀링 노이즈 high pitched rattling noise 또는 클릭킹 노이즈 clicking noise 가 발생할 수 있다.

❸ **피스톤 핀** piston pin : 피스톤 핀이 느슨하다면 공회전 시 더블 노크 노이즈 double knock noise, sharp metallic rapping noise 가 들릴 수 있다. 이 노이즈는 엔진부하의 영향을 받지 않으므로, 스파크 플러그 와이어를 분리하여도 노이즈가 계속 들린다면 피스톤 핀의 불량으로 판단할 수 있다.

2. 베어링 노이즈 Bearing Noise

❶ **메인 베어링 노이즈** main bearing noise : 크랭크샤프트 메인 베어링이 느슨하면 묵직한 텀핑 노이즈 thumping noise 가 지속적으로 들린다.

❷ **스러스트 베어링 노이즈** thrust bearing noise : 크랭크샤프트 베어링이 느슨하면 묵직한 노킹 노이즈 knocking noise 가 간헐적 intermittently 으로 들린다.

❸ **커넥팅 로드 베어링 노이즈** connecting rod bearing noise : 커넥팅 로드 베어링의 마모되었거나 느슨하다면 엔진 아이들에서 노이즈가 들릴 것이다. 베어링의 마모정도에

---

11) cold engine 냉각된 엔진 : 엔진이 아직 정상작동온도에 도달하기 이전에 엔진 상태를 말한다.

따라 가벼운 탭핑 노이즈 tapping noise 에서 헤비 노크 노이즈 heavy knock noise 까지 들린 것이다.

불량 원인은 ① 베어링 마모 ② 커넥팅로드 얼라인 불량 ③ 오일부족으로 인한 베어링 불량이다.

3. 밸브트레인 노이즈 Valve train Noise

❶ **밸브 클릭킹/테펫 노이즈** valve clicking/tappet noise : 밸브 트레인의 과다 간극 불량으로 인한 엔진 아이들에서 가볍고 일정한 클릭킹 노이즈 light steady clicking noise 가 발생한다. 한편 유압식 밸브 리프트 hydraulic valve lifter 의 불량 또는 오일 부족 oil starvation 으로 발생할 수도 있다.

4. 이상연소노이즈 Abnormal combustion noise

❶ **조기점화 및 데토네이션** : 비정상적인 연소 Abnormal ignition 로 인해 발생하며 주로 핑 노이즈 ping noise 라고도 한다. ① 점화시기가 너무 빠르거나 Too advanced ignition timing 또는 ② 연소실 내에 탄소 퇴적물 Carbon deposit 이 많이 축적되면 압축비가 높아지면 쉽게 발생할 수 있다. 그 밖에 다른 이유로는 ③ 옥탄가 low octane number 가 너무 낮거나 ④ EGR 밸브의 작동 불량에 의해서도 발생할 수 있다.

❷ **플라이휠 볼트** loose flywheel bolt 가 풀릴 경우와 플렉스 플레이트 flex plate 가 균열 crack 이 생겨 깨진다면 묵직한 노이즈 dump noise 이 엔진 후면에서 변속기 쪽 들릴 수 있다.

❸ **지나치게 늘어진 타이밍 체인** excessive stretched timing chain 은 노킹 노이즈 knocking noise 가 발생할 수 있다.

❹ **느슨해진 바이브레이션 댐퍼** loose vibration damper 는 묵직한 노이즈는 엔진의 정면에서 발생할 수 있다.

1.5 엔진오일 및 냉각수 소모, 배기가스 색상, 엔진노이즈

― Diagnose the cause of excessive oil consumption, coolant consumption, unusual engine exhaust color, odor, and sound

- 청색의 배기가스 blue smoke 는 엔진오일의 연소를 의미한다. 발생 가능 원인으로 PCV 시스템 막힘 plugged PCV system, 밸브 실 마모 worn valve seal 등이다. 기타 원인으로 터보차저 엔진 turbocharger engine 에서는 터보차저 실 마모 worn turbocharger seal 되면 발생할 수도 있다.

- 백색 배기가스 white smoke 는 냉각수 coolant 가 연소실에 유입되어 연소하고 있음을 의미한다. 과다 오일 소모 excessive oil consumption 는 ① 피스톤 링, ② 실린더 벽, ③ 밸브 가이드 간극 등의 마모, 파손으로 발생할 수 있다.

- 실린더 헤드나 실린더 블록의 오일 드레인 통로 oil drain passage가 막히면, 오일 소모가 많아질 수 있다. 일부엔진에서 확인방법은 오일 필러 캡 oil filler cap 을 열고, 엔진 시동을 건 다음, 엔진 오일 레벨이 꾸준히 올라와 밸브 가이드 valve guide 상부까지 찬다면, 오일 드레인 통로가 슬러지 sludge 에 의해 막힌 것이다.

- 라디에이터 압력 테스트 radiator pressure tester 를 실시하여 외부로 냉각수가 새는지를 확인한다. 만약 압력저하가 발생했다면, 이는 엔진내부로 냉각수가 누수되고 있음을 알 수 있다. 냉각수는 실린더 내부 또는 오일 통로 oil passage 를 걸쳐 크랭크 케이스 crankcase 로 갈 것이다. 실린더 내부로 누설된다면 배출 가스의 색깔이 백색 white 또는 회색 gray 일 것이다. 만약 오일 드레인 통로로 누유가 된다면, 엔진 오일 레벨 engine oil level 이 올라갈 것이다.

- 가속 시 고음 스퀄링 노이즈 high pitched squealing12) noise 가 배기 시스템 exhaust system 에서 발생 한다면, 배기 매니폴드 exhaust manifold 또는 배기 파이프 exhaust pipe 에서 누설이

---

12) **squealing_** 끼익하는 소리

있는지 확인한다.

- 만약 흡기 매니폴드 intake manifold 에 누설이 있다면 고음 휘슬 노이즈 high pitched whistle[13) noise 가 들릴 것이다. 엔진 가속 시 이 노이즈는 감소한다.

- 배출 가스 exhaust gas 에서 진한 황 sulfur 또는 썩은 달걀 냄새 rotten egg smell 가 난다면 농후한 연료비 too rich air/fuel ratio 때문일 수 있다.

- 오일 압력 테스트 oil pressure test : 오일압력이 낮으면 유압경고등이 점등된다. 예를 들면 오일압력이 5psi 이하이면 유압경고등이 들어온다. 유압 경고등이 점등되는 원인은 ① 오일 부족, ② 베어링 과다 마모, ③ 오일펌프 불량, ④ 오일압력스위치 불량 등이다.

  ❹ 테스트 방법 : 엔진을 정상작동온도에 도달한 후 엔진을 끈 다음 오일압력스위치를 풀고 유압게이지를 설치한다.

  ❺ 아이들 idle rpm 과 2500rpm에서 유압을 측정한다. 전형적인 방법으로 1000rpm 당 10psi 정도로 간주하여 2500rpm에서는 25psi 정도이면 양호하다고 판단한다.

오일압력 Oil pressure		추정가능원인 possible cause
저 오일압력 Low oil pressure	오일량 부족 오일 압력 릴리프 밸브 고착	Low oil level Stuck open oil pressure relief valve
고 오일압력 High oil pressure	오일량 과다 고점도 오일 오일 통로 부분 막힘 뻑뻑한 오일 압력 릴리프 밸브	Too much oil, High oil viscosity, Restricted oil passage, Sticky closed oil pressure relief valve

---

13) **whistle**_ 좁은 구멍으로 공기 등이 새면서 내는 '삑삑하는' 소리

1.6 진공테스트 Vacuum Test

— Perform engine vacuum tests; determine necessary action.

> **Tip** 반드시 1~2 문제가 출제된다. 문제 유형은 진공 측정값을 제시하고, 추정 가능 원인이 무엇인지를 묻는다.

- 진공테스트를 통해 엔진의 기계적인 결함을 점검할 수 있다.
- 엔진을 워밍업 warming up 한 후 흡기 매니폴드에 진공 게이지 vacuum gauge 를 연결한다. 만약 엔진상태가 양호하다면 아이들 시 진공값 vacuum reading 은 18~22inch.Hg 430mmHg 에서 안정적으로 나와야 한다.
- 만약 한 실린더의 진공이 불량하다면, 진공게이지의 바늘은 떨리고, 그 떨림의 정도에 따라 기계적 결함의 심각성을 유추할 수 있다.
- 크랭킹 시 진공값은 3~6inch.Hg 사이에 있어야 한다.

진공값	바늘	추정 가능 원인
15in.Hg	안정	점화시기가 늦음
2in.Hg	안정	매니폴드 누설
10in.Hg~25in.Hg	떨림	밸브스프링 약함
7in.Hg~20in.Hg	떨림	헤드개스킷 누설
12in.Hg~16in.Hg	떨림	카뷰레터 연료량 조정
12in.Hg~20in.Hg	떨림	밸브 누설 또는 열에 의한 파손
14in.Hg~20in.Hg	떨림	밸브가 뻑뻑하게 작동함
17in.Hg에서 거의 0in.Hg로 떨어짐	천천히 떨어짐	촉매 컨버터 불량

1.7 실린더 파워 밸런스 테스트 Cylinder power balance test

― Perform cylinder power balance tests; determine necessary action.

- 실린더 파워 밸런스 테스트는 각 실린더의 파워 간의 편차를 알아보는 테스트이다.
- 엔진을 워밍업한 후 각 실린더의 스파크 플러그 케이블을 분리 후 발생하는 엔진 rpm 저하를 기록한다.
- 만약 엔진의 실린더가 균일하게 파워를 만든다면, 엔진 rpm 저하 편차가 적을 것이다.
- 한 실린더에서 엔진 rpm 저하가 매우 적게 나타난다면, 이를 약한 실린더 weak cylinder 라 한다. 이 실린더에 ① 피스톤 링, ② 밸브, ③ 연료시스템, ④ 점화시스템, ⑤ 매니폴 드, ⑥ 헤드개스킷 등에 문제가 있는 것이다.
- 예를 들면 3번 실린더가 rpm 저하가 가장 작으므로 3번 실린더가 약한 실린더이다.

실린더 번호	RPM drop when ignition is shorted out [14]
1	75
2	70
3	15
4	65

---

14) **RPM drop when ignition is shorted out :** 점화 차단 시 RPM 저하 정도
　　실린더 #1, #2, #4는 65~75rpm 저하한 반면, #3 실린더는 15rpm 저하로 가장 낮다.

1.8 실린더 크랭킹 압축 테스트 Compression Test

— Perform cylinder cranking compression tests; determine necessary action.

- 배터리와 스타트 모터는 정상상태이어야 한다.
- 먼저 엔진을 정상 작동온도까지 워밍업 한다. 압축 테스트를 실시하기 전에 연료 시스템과 점화 시스템을 차단한다.
- 스로틀 밸브 throttle valve 를 완전히 열린 상태 WOT15), wide open throttle 로 만든다.
- 압축압력 게이지를 스파크 플러그 구멍 hole에 연결한 후, 엔진을 크랭킹시키면서 압축압력을 측정한다.
- 보통 4~5회를 실시하며 가장 높은 값을 최종 압축압력값으로 한다.
- 각 실린더의 압축압력 편차는 20%이여야 한다.
- 만약 한 실린더의 압축압력이 낮다면, 습식 wet 압축압력 테스트를 추가로 실시한다.
- 만약 압축압력이 정상으로 돌아온다면, 피스톤 링의 기밀 불량 poor sealing 을 의미한다.
- 밸브나 헤드 개스킷 불량 시에는 압축압력 상승이 거의 없거나 매우 적다.
- 압축압력값은 다음과 같이 분석한다.

압축압력 값	일반적 분석
모든 실린더의 압축압력이 비슷하나, 그 값이 매우 적음	피스톤 링이나 실린더 벽 마모 밸브 타이밍 또는 타이밍 벨트 점프
한 실린더의 압축압력이 낮음	피스톤 링 마모, 밸브 누설, 헤드개스킷 파손, 실린더 헤드 균열, 캠샤프트 마모
두개의 인전한 실린더의 압축압력이 낮음	헤드개스킷 파손, 실린더 헤드 균열
압축압력값이 0에 가깝다.	배기 밸브의 심한 파손, 피스톤의 심한 파손
규정 압축압력 값보다 높음	연소실에 카본 퇴적물이 심함

- **압축압력 테스트** : 연료분사장치와 점화장치가 작동되지 않도록 크랭크샤프트 포지션

---

15) **WOT** : 액셀러레이터 페달을 끝까지 밟은 상태에서 크랭킹 한다(스로틀 밸브가 완전히 열린 상태에서 실시)

센서 CPS16) 커넥터를 분리한다. 압축압력 테스트는 모든 실린더에 대해 실시한다. 주로 압축 압력이 낮은 경우는 밸브 또는 피스톤의 결함에서 야기 될 수 있다. 실린더 압축압력 점검 시에는 반드시 아래와 같은 조건에서 실시해야 한다.

1.9 실린더 누설 테스트

— Perform cylinder leakage tests; determine necessary action.

> **Tip** 보통 1문제가 출제된다. 주로 문제 유형은 테스트 방법을 물어보기 보다는 공기가 새는 방향을 보고 불량부품을 찾는 문제가 출제된다.

- 압축압력 테스트 결과, 어느 실린더의 압축압력이 불량하다면, 실린더 누설 테스트를 실시한다. 이 테스트를 통해 엔진의 어느 부품에서 결함이 있는지 알 수 있다.
- 테스트 방법은 다음과 같다.

  Ⓐ 압축공기를 이용하는 실린더 누설 테스터기를 스파크 플러그 홀에 연결한다. 압축 공기를 주입하기 전에 반드시 피스톤은 상사점 TDC17) 위치에 있어야 한다. 왜냐하면 밸브가 닫힌 상태에서 실시해야 하기 때문이다.

  Ⓑ 실린더 누설 테스터에 장착되어 있는 게이지가 0%를 나타내면, 실린더에 전혀 누설이 없음을 의미하고 반대로 100%는 전혀 기밀유지가 안 되고 있음을 의미한다. 실린더 누설 테스트에서 양호한 엔진상태라면 보통 20% 이하이다. 만약 20% 이상이면, 엔진 어디에서 공기가 누출되고 있으므로, 공기가 새는 방향을 잘 관찰한다.

---

16) **CPS(crankshaft position sensor)_** 자동차 제조사에 따라서 CKP라 부르기도 한다.
17) **TDC(top dead center)_** 상사점, 피스톤이 실린더 속에서 최상단에 왔을 때 위치를 뜻함.

- 상대적으로 압축압력 테스트는 양호하나, 실린더 누설 테스트 결과 피스톤 링 쪽으로 누설이 발생하는 경우, 이것은 장거리 주행 high mileage 한 낡은 엔진 worn engine 의 전형적인 예이다.

- 비교적 주행거리가 적은 엔진임에도 압축압력 양호, 실린더 누설 테스트 결과 피스톤링에서 누설이 발생한다면 이는 피스톤 링이 원활하게 움직이지 못한 고착 불량일 가능성이 크다.

- 압축압력 테스트 결과 불량인데 의외로 누설 불량은 상대적으로 덜하다면 밸브 트레인 불량일 가능성이 크다. 밸브 타이밍이 틀렸거나 밸브 열림량이 작을 수 있다. 리프터 lifter 가 고장인지, 캠 로브 cam lobe 가 마모되었는지 검사한다.

- 누설 테스트는 양호한데, 압축압력 테스트가 불량하다면 밸브 타이밍 valve timing 이 잘못될 가능성이 크다.

- 압축압력 테스트 결과도 좋고, 누설 테스트 결과도 좋은데, 의외로 파워 밸런스 테스트 결과는 좋지 않으면 연소실 외부에 원인이 있을 수 있다. 점화와 연료시스템은 양호하다면, 밸브 트레인, 리프터, 흡기 매니폴드, 밸브 가이드가 불량일 수 있다.

공기가 새는 방향	해석
공기가 스로틀 어셈블리에서 나옴	흡기 밸브의 불량
공기가 배기시스템에서 나옴 예, tail pipe	배기 밸브의 불량
공기가 테스트 하는 옆 에서 나옴	헤드개스킷 파손, 실린더 헤드 파손
공기가 라디에이터에서 나옴	헤드개스킷 파손, 실린더 헤드 파손, 균열
공기가 오일 딥 스틱 / 밸브커버 브레스 캡에서 나옴	피스톤 링 마모불량

True or False Review Questions

Review Question 1

01. 고속도로에서 주행 도중 엔진의 꺼짐이 발생 한다면, 베이퍼 락 vapor lock 에 의해 발생할 수 있다.

True 특히 더운 여름날 연료탱크 내 고온현상으로 베이퍼 로크가 발생할 수 있다. 베이퍼 로크가 발생하면 연료펌프의 석션 suction 에 방해가 된다. 이로 인해 연료공급이 부족하여 엔진 꺼짐이 발생할 수 있다.

02. 이그니션 타이밍 ignition timing 이 늦다면, 역화 back fire 가 발생할 수 있다.

True 이그니션 타이밍이 늦거나 오버히트 등의 이유로 역화가 발생할 수 있다.

03. 냉각수의 색상이 우유 milk 색을 띄고 있으면 엔진 오일이 유입되어 발생할 수 있다.

True 실린더 헤드나 블록 등의 균열을 확인한다.

04. 전형적인 로터 타입 오일펌프에는 이너 로터와 아웃러 로터가 있고, 아웃어 로터에 의해 펌프가 구동된다.

False 로터 타입 오일펌프에서 이너 로터에 의해 구동된다.

05. 가속시 텀핑 노이즈가 엔진에서 들린다면 피스톤 링 마모일 수 있다.

False 피스톤 링이 마모되면 래팅 노이즈 Rattling noise 가 들린다.

06. 엔진이 차가울 때 랩핑 노이즈가 들린다면, 피스톤 링이나 실린더 벽의 마모로 인해 발생할 수 있다.

True 만약 엔진이 정상 온도로 올라가면 노이즈가 감소할 수도 있다.

07. 엔진 아이들에서 더블 노크 노이즈가 발생한다면, 피스톤 핀의 장착 불량일 수 있다.

True 노이즈 중에 독특하게 더블 노크이다.

08. 엔진에서 섬핑 thumping = knocking 노이즈가 들리면 크랭크 샤프트 메인 베어링의 불량일 수 있다.

True 메인 베어링 노이즈는 일정하고 묵직한 노킹 노이즈가 들린다.

09. 아이들 시 묵직한 섬프 노이즈 heavy thump noise 가 들린다면, 스러스트 베어링의 마모나 장착 불량일 수 있다.

False 스러스트 베어링 불량에 의한 노킹 노이즈는 주로 급가속시에 발생한다.

10. 엔진 아이들 시 일정한 규칙성을 갖는 클릭킹 노이즈가 발생한다면, 이는 밸브트레인의 간극이 커서 발생할 수 있다.

> **True** 오일 부족으로도 같은 노이즈가 발생할 수 있다.

11. 엔진 뒤편에서 섬프 노이즈가 들린다면 플라이휠 볼트가 풀려서 발생할 수 있다.

> **True** 엔진 뒤편에서 노이즈가 들리면 플라이휠, 엔진 앞편에서 들리면 바이브레이션 댐퍼를 검사한다.

12. 피스톤 링이 마모되면 검은색의 배기가스가 발생할 수 있다.

> **False** 푸른색의 배기가스가 나온다.

13. 연료압이 지나치게 높으면 검은색의 배기가스가 배출될 수 있다.

> **True** 농후한 연료비는 검은 배기가스를 생성하므로, 연료압이 높으면 검은색의 배기가스가 배출될 수 있다.

14. 실린더 헤드 균열불량은 흰색의 배기가스를 배출할 수 있다.

> **True** 흰색의 배기가스는 냉각수가 연소됨을 의미하므로, 실린더 헤드 균열에 의해 냉각수가 연소실에 유입될 수 있다.

15. 만약 엔진오일에 버블이 있거나 끓는다면, 엔진오일에 블로바이 가스가 혼입된 것이다.

> **False** 블로바이 가스가 아닌 냉각수가 유입된 것이다.

16. 오일압력 테스트에서 2500rpm에서 오일압력은 적이도 25psi 이상 나와야 한다.

> **True** 대략 1000rpm당 10psi로 계산한다.

17. 오일 압력이 4~7psi 이상이면 엔진오일 경고등이 점등된다.

> **False** 4~7psi "이상"이 아니라 "이하"이다. 주의를 기울이지 않으면 실수하기 쉬운 문제이다.

18. 퍼핑 puffing 테스트 중 배기가스의 맥동음이 고르지 않으면 엔진의 실화를 의심할 수 있다.

> **True** 양호한 엔진은 맥동음이 일정하고 고르다.

19. 양호한 엔진상태의 아이들 진공값은 적어도 20in.Hg 이상 안정하게 나와야 한다.

> **False** 전형적인 진공값은 17~22 in.Hg이다.

20. 만약 약간 낮고 일정하게 15in.Hg가 나온다면 이그니션 타이밍의 진각 advanced 를 의미한다.

> **False** 진각이 아니고 지각 retard 이다.

21. 만약 매우 낮고 일정하게 2in.Hg가 나오면 인테이크 매니폴드의 심각한 균열에 의해 발생할 수 있다.

> **True** 인테이크 매니폴드의 균열여부, 볼트체결 불량 등을 확인해 본다.

22. 만약 진공게이지 측정값이 12~18in.Hg 사이에서 흔들린다면, 밸브의 손상에 의해 발생할 수 있다.

> **True** 예를 들면, 밸브가 탔거나 burn 기밀불량 등의 손상을 의미한다.

23. 만약 진공게이지 측정값이 10~18in.Hg 사이에서 흔들린다면, 밸브 스프링의 장력이 약해서 발생할 수 있다.

> **False** 10~25in.Hg이다. 진공 최대값 25in.Hg까지 올라가는데 주목해서 숙지한다.

24. 만약 진공게이지 측정값이 7~20in.Hg 사이에서 흔들린다면, 헤드 개스킷의 누설에 의해 발생할 수 있다.

> **True** 헤드 개스킷 누설이 있다면 7~20in.Hg 사이에서 흔들릴 것이다.

25. 만약 진공게이지 측정값이 14~18in.Hg 사이에서 흔들린다면, 밸브 스프링의 장력이 세서 발생할 수 있다.

> **False** 밸브 스프링이 뻑뻑해서 발생한다.

26. 만약 진공게이지 측정값이 일정하고 17in.Hg를 유지하고 있지만, 서서히 진공이 떨어져 결국 0in.Hg까지 떨어진다면, 촉매컨버터 catalytic converter 나 배기시스템의 막힘 불량을 의미한다.

> **True** 서서히 0in.Hg까지 떨어짐에 주목한다.

27. 파워밸런스 테스트를 실시 중에 한 실린더의 rpm 저하가 약하면, 해당 실린더 상태는 양호하다.

> **False** 실린더가 양호하면 rpm 저하가 매우 커야 정상이다.

28. 압축 테스트 compression test 하기 전에 점화 시스템 또는 연료 시스템 중 어느 1개만 차단하고 테스트해도 무방하다.

> **False** 점화시스템과 연료시스템 모두 차단하여야 한다.

29. 압축 테스트 측정값은 보통 4회를 실시하고, 각 실린더 간의 편차는 30%까지 허용한다.

> **False** 실린더 간의 압축압력 편차는 20% 이내이어야 한다.

True or False Review Questions

Review Question 2

- 다음은 실린더 누설 테스트에 관한 문제이다.

01. 공기가 오일 딥스틱 deep stick 에서 나온다면, 이는 실린더 헤드의 균열을 암시한다.

> **False** 피스톤 링 마모, 파손, 실린더벽 마모 등이 원인이 된다.

02. 공기가 밸브 커버 브레스 캡 valve cover's breather cap 에서 나온다면, 이는 피스톤 링 마모를 암시한다.

> **True** 피스톤 링의 마모가 심하다면, 공기는 피스톤 링을 통과, 크랭크케이스를 걸쳐 결국에는 밸브커버에서 빠져 나올 것이다.

03. 공기가 라디에이터에서 나온다면, 이는 헤드개스킷 또는 실린더 블록의 균열을 암시한다.

> **True** 헤드개스킷/실린더 블록의 균열이 냉각수 통로에 연결될 경우, 라디에이터에서 공기가 누출될 수 있다.

04. 공기가 스로틀 어셈블리 throttle assembly 에서 나온다면, 이는 흡기 밸브의 스프링 장력이 약함을 의미한다.

> **False** 스프링 장력이 아니라 밸브의 파손, 누설이 원인이 된다.

05. 공기가 테일 파이프에서 나온다면, 이는 배기 밸브의 누설을 의미한다.

> **True** 배기 밸브를 통해 공기는 테일 파이프로 나온다.

06. 공기가 근처 스파크 플러그 홀에서 나온다면, 이는 헤드개스킷이 불량이거나 실린더 헤드 문제일 수 있다.

> **True** 특히 인라인 in-line, 직렬형 엔진에서 실린더 1-2, 2-3 또는 3-4 같이 쌍으로 발생한다.

07. 누설 테스트에서 측정값 100%의 의미는 완벽하게 기밀 no leakage 이 유지됨을 의미한다.

> **False** 100%의 의미는 공기가 100% 빠져 나감을 의미한다. 즉 100% 기밀불량이다.

08. 누설 테스트 중 최대 40%까지의 누설을 허용한다.

> **False** 최대 20%까지 허용한다.

ASE Style Question

01.

An excessive sulfur smell in the exhaust of a vehicle with a catalytic converter can be an indication of ______________.

(A) Oil consumption
(B) Coolant consumption
(C) Blow by gas
(D) Rich fuel mixture

번역 촉매 컨버터가 있는 자동차의 배기가스에서 지나치게 황 냄새는 ________의 암시가 될 수 있다.

(A) 오일 소모 (B) 냉각수 소모 (C) 블로바이 가스 (D) 농후한 연료비

연료비가 지나치게 농후하면 배기가스에서 황 냄새가 난다. 연료 인젝터의 누유, 연료 복귀 라인의 막힘, 냉각수 센서 등을 점검한다. 엔진오일이 연소실에 유입되어 연소한다면 배기가스 색상이 청회색, 냉각수의 경우에는 백색이 발생할 것이다.

정답 D

02.

After performing a compression test on a V8 engine, two cylinders have pressure readings of 60psi while the others have a reading of 135psi. The two low cylinders are next to each other.

Technician A says this could be caused by a cracked cylinder head.

Technician B says a broken head gasket could cause this. Who is correct?

(A) A only (B) B only (C) Both A and B (D) Neither A nor B

번역 V8 엔진을 압축시험을 실시한 후, 2개의 실린더의 압축압력이 60psi, 나머지 실린더의 압축압력은 135psi가 나왔다. 이 2개의 실린더는 서로 근접하다.

정비사 A : 실린더 헤드의 균열에 의해 발생할 수 있다.

정비사 B : 헤드 개스킷의 파손에 의해 발생할 수 있다. 누가 맞는가?

(A) A만 (B) B만 (C) A와 B 모두 (D) 둘 다 아니다

실린더 압축압력 시험결과 그 결과값이 불량하다면, 여러 가지 원인이 있을 수 있다. 문제에서 2개의 실린더가 인접해 있다는데 그 단서가 있다. 실린더 헤드 균열 또는 헤드 개스킷 파손에 의해 주로 발생한다.

정답 C

03.

With the engine idling, a vacuum gauge connected to the intake manifold fluctuates between 14~21in.Hg. These vacuum gauge fluctuations may be caused by __________.

(A) A restricted exhaust system

(B) Intake manifold vacuum leaks

(C) Late ignition timing

(D) Sticky valve

번역 엔진 공회전 상태에서, 흡기 매니폴드에 연결된 진공 게이지의 측정값이 14~21in.Hg이다. 진공 측정값 떨림은 ______________에 의해 발생할 수 있다.

(A) 배기 시스템 막힘   (B) 흡기 매니폴드 진공 누설
(C) 점화시기가 늦음   (D) 뻑뻑한 밸브

엔진 각각의 부품상태의 불량여부에 따라 진공게이지 측정값은 달라진다. 엔진 공회전시 진공값이 14~21 in.Hg 사이에서 지침이 흔들리고 있다면 이는 밸브 스템과 밸브 가이드 간극불량에 의해서 밸브 습동성 불량에 의한 것으로 볼 수 있다. 상세한 사항은 아래를 참조한다.

15in.Hg	점화시기가 늦음 Late ignition timing	12in.Hg~16in.Hg	카뷰레터 연료량 조정 Carburetor maladjustment
2in.Hg	매니폴드 누설 Manifold leak	12in.Hg~20in.Hg	밸브 누설 또는 열에 의한 파손 Valve leak or damaged
10in.Hg~25in.Hg	밸브스프링 약함 Weak valve spring	14in.Hg~20in.Hg	밸브가 뻑뻑하게 작동함 Sticky valve
7in.Hg~20in.Hg	헤드개스킷 누설 Head gasket leak	17in.Hg에서 거의 0in.Hg로 떨어짐	촉매 막힘 불량 A restricted exhaust system

정답 D

단어 **excessive sulfur** 지나치게 과다한 황 / **exhaust** 배기관 / **Vehicle** 자동차 / **indication** 암시 / **Consumption** 소모, 소비 / **performing** 실시하는 / **reading** 측정값 / **be caused** 발생할 수 있다 / **cracked** 균열된 / **broken** 파손된 / **connected to** 연결된 / **fluctuate** 변동하다, 상하로 떨다 / **fluctuation** 변동, 떨림 / **restricted** 제한된, 한정된의미상 막힌 / **sticky** 끈적거리는, 뻑뻑한 / **sticky valve** 오염 등에 의해 부드럽게 작동하지 못하는 밸브

04.

Oil is leaking from the crankshaft rear main bearing seal on an engine. All of the following are causes of leaking EXCEPT__________.

(A) Faulty oil seal

(B) PCV clogged

(C) Stuck closed oil relief valve

(D) Worn crankshaft bearing

번역 오일이 크랭크샤프트 리어 메인 베어링 실에서 누유되고 있다. __________을 제외하고 모두 누유의 원인이 된다.

(A) 오일 실 불량

(B) PCV 막힘 불량

(C) 오일 릴리프 밸브 닫힌 채 고착

(D) 크랭크샤프트 베어링 마모

직접 원인으로 오일 실의 손상에 의한 누유이거나 간접적인 원인으로 PCV 막힘 불량으로 인한 오일압력 상승하거나 오일 릴리프 밸브 작동불량 고착 으로 오일압력이 지나치게 상승하여 크랭크샤프트 리어 메인 베어링 실에서 누유가 발생할 수 있다. 반대로 오일압력이 낮다면 캠샤프트 베어링 마모, 크랭크샤프트 베어링 마모, 오일 릴리프밸브 스프링 장력 불량에 의해서 발생할 수 있다.

정답 D

05.

During a cylinder balance test on an engine with electric fuel injection, #3 cylinder provides very little rpm drop. All of the following are causes of very little rpm drop EXCEPT__________.

(A) Misfire

(B) An intake manifold vacuum leak

(C) Clogged injector

(D) Accumulated carbon deposit

번역 실린더 밸런스 테스트 결과, 3번 실린더에서 rpm 저하가 매우 약하다. ____________을 제외하고 모두 rpm 저하의 원인이 된다.

(A) 실화

(B) 흡기 매니폴드 진공 누설

(C) 인젝터 막힘

(D) 탄소 퇴적물 누적

실린더 밸런스 테스트를 통해 어느 실린더가 문제인지 찾아낼 수 있다. rpm 저하가 미약하다면 실린더에 문제가 있는 것이다. rpm 저하 원인은 주로 스파크 플러그 열화, 진공 누설에 의한 실화, 밸브 파손에 의한 압축압력 저하에 의한 실화 등에 의해 발생한다. 연소실에 탄소화합물의 누적은 압축압력 상승 발생, 블로바이 가스 발생이 더 심해지는 것과 관련이 있다.

정답 D

06.

A compression test is performed on an engine that is misfiring. All the pressure are between 175 and 185psi, except cylinder #5: it is 80psi.

Technician A says a valve seal could be bad.

Technician B says the piston rings could be worn or broken. Who is correct?

(A) A only (B) B only (C) Both A and B (D) Neither A nor B

번역 실화가 발생하는 엔진에 압축압력 시험을 실시했다. 5번 실린더의 압력이 80psi, 나머지 압력이 175~185psi 나왔다.

정비사 A : 밸브 실이 불량일 수 있다.

정비사 B : 피스톤 링이 마모 또는 파손되어 있을 수 있다. 누가 맞는가?

(A) A만 (B) B만 (C) A와 B 모두 (D) 둘 다 아니다

만약 밸브 실이 마모되었다면 엔진오일이 연소실로 과다하게 유입되어 오일소모의 촉진과 관련이 있다. 피스톤 링 마모/파손은 압축압력저하의 가장 흔한 원인이다.

정답 B

단어 seal 실 / **all of the following** 다음에 나오는 모든 것은 / **cause** 원인, 야기하다, 초래하다 / **except** 제외하고 / **Faulty** 결함 / **clogged** 막힌 / **stuck** 고착된, 움쩍도 안하는 / **relief** 완화하는 / **worn** 마모된 / **during** ~동안에 / **provides** 제공하다 / **very little rpm drop** 매우 낮은 rpm 저하 / **accumulated** 축적된, 누적된 / **is performed** 실시된다 / **between** 사이에

07.

Technician A says that low oil pressure can be caused by worn cam bearing. Technician B says that contaminated oil can cause low oil pressure. Who is correct?

(A) A only   (B) B only   (C) Both A and B (D) Neither A nor B

번역 정비사 A : 낮은 오일 압력은 캠 베어링 마모에 의해 발생할 수 있다.

정비사 B : 오염된 엔진오일은 낮은 오일 압력을 초래할 수 있다. 누가 옳은가?

(A) A만   (B) B만   (C) A와 B 모두   (D) 둘 다 아니다

크랭크샤프트 베어링, 캠샤프트 베어링 등의 마모는 일반적으로 오일압력 저하를 유발시킨다. 정비사 A의 견해는 옳다. 엔진오일이 냉각수, 블로바이 가스 등에 심히 오염되면 오일 통로에 슬러지가 발생하여 엔진오일 압력의 상승을 유발시킨다. 정비사 B의 견해는 오류이다.

정답 A

08.

An engine produced the following compression pressures:

Cylinder #1	Cylinder #2	Cylinder #3	Cylinder #4
95psi	140psi	145psi	135psi

When a wet test performed on cylinder #1 the pressure rises to 160psi. The most likely cause of the problem with cylinder #1 is:

(A) a burned valve   (B) bent connecting rod

(C) worn rings   (D) a blown head gasket

번역 압축압력 시험결과이다.

실린더 #1	실린더 #2	실린더 #3	실린더 #4
95psi	140psi	145psi	135psi

실린더 1번을 습식 시험하였더니 압축압력이 160psi까지 상승하였다. 1번 실린더 문제의 가장 가능성이 있는 원인은 ______________이다.

(A) 밸브 파손(열에 의한)   (B) 커넥팅로드 변형(굽힘)
(C) 피스톤 링 마모   (D) 헤드개스킷 파손

압축압력 시험결과 1번 실린더의 압력이 불량하다. 이런 경우 습식 시험을 실시하여 불량원인이 피스톤 링의 마모에 의한 것인지 확인할 수 있다. 문제에서 습식시험 결과 압축압력이 양호하다면 피스톤 링이 마모되었음을 암시하는 것이다.

정답 C

09. During a cylinder leakage test, air comes out the PCV valve opening in the rocker arm cover.

Technician A says that worn piston rings may be caused.

Technician B says that intake valve can be damaged. Who is correct?

(A) A only　　　　　(B) B only　　　　　(C) Both A and B　(D) Neither A nor B

번역 실린더 누설 시험 중, 공기가 로커암 커버에 있는 PCV 밸브 구멍으로부터 나오고 있다.

정비사 A : 마모된 피스톤 링이 원인이 될 수 있다.

정비사 B : 흡기 밸브가 파손되어 있을 수 있다. 누가 옳은가?

(A) A만　　　　　(B) B만　　　　　(C) A와 B 모두　　　　　(D) 둘 다 아니다

> 피스톤 링이 마모되어 블로바이 가스의 발생이 심해질 것이며 이는 로커암 커버로 모여지고, PCV 밸브로 배출된다. 한편 흡기 밸브가 손상되어 연소실의 기밀이 불량해 지면, 공기는 스로틀 밸브 쪽으로 공기가 배출될 것이다.

정답 A

단어 contaminated 오염된 / be caused by ~에 의해 발생된다 / produce 보여주다, 생산하다 / following 다음의 / wet test 습식 시험 / rise to ~까지 상승하다 / The most likely cause 가장 가능성 있는 원인 / problem 문제 / burned 열에 탄 / bent 휘어버린 / blown 파괴된, 파손된 / comes out ~로 나오다

10.

Which of the following engine problems may be indicated by good result from a leakage test but poor results from a compression test?

(A) Worn piston ring

(B) Leaking intake manifold

(C) Incorrect valve timing

(D) Excessively leaking valve guides

번역 누설 테스트 결과는 양호한데 압축 압력 테스트 결과는 불량한 경우, 다음 보기 중 어떤 엔진 문제를 암시하는가?

(A) 피스톤 링 마모

(B) 인테이크 매니폴드 리킹

(C) 밸브 타이밍 부정확

(D) 밸브 가이드의 과다 리킹

누설 테스트는 양호한데, 압축압력이 불량한 경우 밸브 타이밍이 문제일 가능성이 크다. 푸시로드 pushrod, 리프터 lifter, 캠 로브 cam lobe 등을 확인한다.

정답 C

11.

If compression values increase after performing a wet compression test on a cylinder, __________ would be likely cause.

(A) Burnt intake valve

(B) Worn exhaust valve seat

(C) Worn compression rings

(D) Accumulated carbon deposit

번역 만약 실린더에서 습식 압축시험을 실시 후 압축압력이 상승했다면, ________ 원인일 수 있다.

(A) 열에 탄 흡기 밸브

(B) 마모된 배기 밸브 시트

(C) 마모된 컴프레션 링

(D) 축적된 카본 퇴적물

습식시험 wet compression test 시 압축압력이 상승했다면 이는 컴프레션 링의 마모임을 알 수 있다. 피스톤 링과 실린더 벽 간극을 엔진오일이 유막을 형성함으로서 기밀 sealing 효과가 상승했기 때문이다.

정답 C

12.

During a cylinder leakage test, air is heard escaping through the oil deepstick tube. Which of the following is most likely cause?

(A) Blown Head gasket　　　　　　(B) Broken Intake valve

(C) Worn Piston rings　　　　　　(D) Leaking Exhaust valve

번역 실린더 누설 테스트 하는 동안에, 공기가 오일 딥 스틱 튜브를 통해 빠져나오는 것이 들린다. 다음 중 어느 것이 가장 원인이 되겠는가?

(A) 파손된 헤드개스킷　　　　　　(B) 깨진 흡기 밸브

(C) 마모된 피스톤 링　　　　　　(D) 누설하는 배기 밸브

공기는 피스톤 링 간극 → 크랭크케이스 → 오일 딥 스틱 oil deep stick 으로 빠져 나온다.

공기가 새는 방향	해석
공기가 스로틀 어셈블리에서 나옴	흡기 밸브의 불량
공기가 배기시스템(예, tail pipe)에서 나옴	배기 밸브의 불량
공기가 테스트하는 옆에서 나옴	헤드개스킷 파손, 실린더 헤드 파손
공기가 라디에이터에서 나옴	헤드개스킷 파손, 실린더 헤드 파손, 균열
공기가 오일 딥 스틱 / 밸브커버 브레스 캡에서 나옴	피스톤 링 마모불량

정답 C

단어 **may be indicated** 암시될 수 있다 / **result** 결과 / **incorrect** 부정확한 / **excessively** 지나치게 / **increase** 증가하다 / **after performing** 실시 후에 / **burnt** 열에 탄 / **is heard** 들린다 / **escaping through** ～통해 빠져나가는

13.

During discussing about finding a partially plugged catalytic converter, Technician A says to perform back pressure test at post-catalytic oxygen sensor, Technician B says maximum back pressure should be less than 2.5psi at 2500rpm. Who is correct?

(A) A only   (B) B only   (C) Both A and B (D) Neither A nor B

번역 촉매 컨버터가 부분적 막힘에 대해 토론 중,

정비사 A : 포스트 촉매 산소센서에서 배압 테스트를 실시하라고 한다.

정비사 B: 최대 배압은 2500rpm에서 2.5psi를 초과해서는 안 된다. 누가 옳은가?

(A) A만   (B) B만   (C) A와 B 모두   (D) 둘 다 아니다

배압 측정은 pre-catlytic O_2 센서에서 실시해야 한다. 정비사 A는 틀리다. 2500rpm에서 2.5psi 이하의 배압이 측정되어야 양호한 것이다. 만약 그 이상이면 배기 시스템에 막힘 불량이 존재함을 의미한다. 정비사 B는 옳다.

정답 B

14.

Which of the following is the most likely cause when a engine has only a cylinder misfire on fuel injection system?

(A) Stuck fuel-pressure regulator   (B) Leaking injector

(C) Melt injector fuse   (D) Open injector ECU control circuit

번역 연료분사식 엔진에서 한 실린더만 실화가 발생 했을 때 다음 중 어느 것이 가장 원인이 되겠는가?

(A) 연료압력 레귤레이터 고착   (B) 인젝터 리킹
(C) 인젝터 퓨즈 녹아 끊어짐   (D) 인젝터 ECU 컨트롤 개회로

실화는 점화, 연료, 압축, 진공 등의 원인에 의해 발생할 수 있는 불완전 연소를 의미한다. 문제에서 한 실린더에서만 실화가 발생한다고 하므로, 연료 압력 레귤레이터의 고착, 녹아 끊어진 인젝터 퓨즈, 인젝터 ECU 컨트롤 개회로는 모든 인젝터에 영향을 미치므로 정답에서 제외된다. 반면에 인젝터가 누설하면 지나치게 농후한 연료비가 형성하여 실화를 초래할 수 있다.

정답 B

15. A vehicle have an overheating problem in slow, stop and go traffic. Technician A says debris in the radiator fins could cause the overheating. Technician B says stuck open thermostat would be cause the overheating. Who is correct?

(A) A only   (B) B only   (C) Both A and B   (D) Neither A nor B

번역 한 자동차가 적체 교통에서 오버히팅를 한다.

정비사 A : 라디에이터 핀에 있는 잔해들이 오버히팅를 야기시킬 수 있다.

정비사 B : 서모스탯 스틱-오픈이 오버히팅의 원인이 될 수 있다. 누가 맞는가?

(A) A만   (B) B만   (C) A와 B 모두   (D) 둘 다 아니다

라디에이터 핀에 있는 잔해들이 냉각수 순환에 방해를 초래, 결국 냉각효과를 저해한다. 반면에 서모스탯 스틱-오픈은 오히려 엔진이 정상작동온도 도달시간을 지연시키므로 오버히팅과 관련이 적다.

정답 A

---

16. What could cause bubble in the radiator during a cylinder leakage test?

(A) A defective cylinder head gasket

(B) A burnt or poor sealing intake valve

(C) A burnt or poor sealing exhaust valve

(D) Worn or weak piston rings

번역 무엇이 실린더 누설 테스트에서 라디에이터에 버블(거품)를 야기시키는가?

(A) 결함있는 실린더 헤드 개스킷　　(B) 타거나 기밀불량이 흡기 밸브

(C) 타거나 기밀불량이 배기 밸브　　(D) 마모된 피스톤 링

> 만약 냉각수 통로와 실린더 헤드의 기밀을 유지하는 부위에서 실린더 헤드 개스킷이 파손 되었다면, 공기는 이 파손된 헤드 개스킷 틈으로 침투하여 냉각수 통로를 걸쳐 결국 라디에이터 쪽으로 빠져 나올 것이다.
>
> **정답** B

17. Technician A says a leak in the intake manifold will cause a high pitched squealing noise only when the engine is idling.

Technician B says piston slap noise get louder during acceleration and goes away when the engine warms up. Who is correct?

(A) A only　　　(B) B only　　　(C) Both A and B　(D) Neither A nor B

번역 정비사 A : 엔진 아이들 시 흡기 매니폴드에서 누설은 하이 피치 스퀄링 노이즈를 원인이 될 것이다.

정비사 B : 피스톤 슬랩 노이즈는 가속 시 더 크게 들렸다가 엔진이 작동온도에 도달하면사라진다. 누가 옳은가?

(A) A만　　　(B) B만　　　(C) A와 B 모두　　　(D) 둘 다 아니다

> 엔진 아이들 상태에서 진공이 가장 높기 때문에 흡기 매니폴드에서 누설이 발생하면 하이 피치 스퀄링 노이즈가 발생할 수 있다. 피스톤 슬랩은 주로 피스톤 링과 실린더 벽의 간극이 클 때 발생하므로 가속 시 더 심해질 수 있다. 다만 엔진의 정상 작동온도에 도달하면 피스톤 간극이 좁아져 피스톤 슬랩이 감소할 수 있다.
>
> **정답** C

18. During a cylinder leakage test, air is heard leaking at the throttle plates. What would most likely cause this condition?

(A) Worn piston rings

(B) A poor sealing exhaust valve

(C) A burnt intake valve

(D) A blown cylinder head gasket

번역 실린더 누설 테스트 중, 공기는 스로틀 플레이트에서 나온다. 무엇이 가장 가능성 있는 원인은 무엇인가?

(A) 마모된 피스톤 링

(B) 기밀 불량한 배기 밸브

(C) 열에 타버린 흡기 밸브

(D) 깨진 실린더 헤드 개스킷

만약 흡기 밸브의 기밀이 불량하다면, 공기는 이 흡기 밸브로 침투하여 결국 스로틀 어셈블리 쪽으로 빠져 나올 것이다.

정답 C

단어 **bubble** 버블 / **defective** 결함있는 / **goes away** 사라지다 / **engine warms up** 엔진 워밍업 / **a high pitched squealing noise** 하이 피치 스퀄링 노이즈

19. A knocking noise goes away when the spark plug wire for one cylinder is disabled. What could the most likely cause?

(A) Piston pin　　　(B) Piston slap　　　(C) Connecting rod　(D) Lifter

번역 노킹 노이즈가 한 실린더의 스파크 플러그 케이블을 분리 disabled 할 때 사라진다. 무엇이 가장 가능성이 큰 원인인가 ?

(A) 피스톤 핀　　　(B) 피스톤 슬랩　　　(C) 커넥팅 로드　　　(D) 리프터

커넥팅 로드 베어링 간극이 지나치게 클 때 노킹노이즈 knocking noise 가 발생하는데, 스파크 플러그 케이블을 분리시키면 노이즈가 사라지는 특성이 있다. 다른 부품에서 발생하는 노이즈는 다음 표를 참고한다.

노이즈 종류	발생시기	노이즈 발생 원인
큰 굉음소리 thumping noise	공회전시 (아이들, idle)	플라이휠 볼트 풀림에 의한 노이즈 loose flywheel bolt
	엔진 시동 시 engine start	메인 베어링 마모 worn main bearing
묵직한 노킹 소리 Heavy knocking noise	공회전시 (아이들, idle)	커넥팅 로드 베어링 마모 worn connecting rod bearing
톡톡 소리 Rapping noise	가속 시	피스톤 링 , 실린더 벽 마모 worn piston & cylinder
더블 클릭 소리 Double click noise	공회전 시 (아이들, idle)	피스톤 핀 마모 Worn piston pin
(마우스) 클릭 소리 Clicking noise	공회전 시 (아이들, idle)	리프트 불량 또는 오일부족 faulty lifters

정답 C

단어 **disabled** 못쓰게 하는, 불능의

Chapter B

Cylinder Head and Valve Train Diagnosis and Repair

10 questions

B. 실린더 헤드 및 밸브 트레인 진단 및 수리 10문항

2.1 실린더 헤드 : 탈착, 분리, 세척

— Remove cylinder heads, disassemble, clean, and prepare for inspection.

- 실린더 헤드는 엔진의 열기가 식은 다음에 분리작업을 실시해야 한다. 특히 알루미늄 헤드는 비틀림 변형되기 쉬우므로 이를 반드시 지켜야 한다. 실린더 헤드 볼트는 한 번에 풀면 안 되고 실린더 바깥쪽 볼트부터 2회 정도 풀림토크를 준다. 풀림 순서 loosening sequence 는 바깥쪽 outside 에서 안쪽 inside 으로, 대각선 방향이다. 이와 같이 하는 이유는 모든 볼트를 한 번에 다 제거할 때 발생할 수 있는 비틀어짐 변형을 예방하기 위함이다.

- 밸브 스프링 어셈블리를 분리한 후, 실린더 번호에 따라서 잘 분리하여 부품박스 organizer 에 보관하여 나중에 재조립 시 원래 위치에 장착할 수 있도록 한다.

- 실린더 헤드에서 밸브를 제거하기 전에 각 밸브의 스템 하이트 Stem height 를 측정하고

기록한다.

Measure valve spring height before diassembling the cylinder head

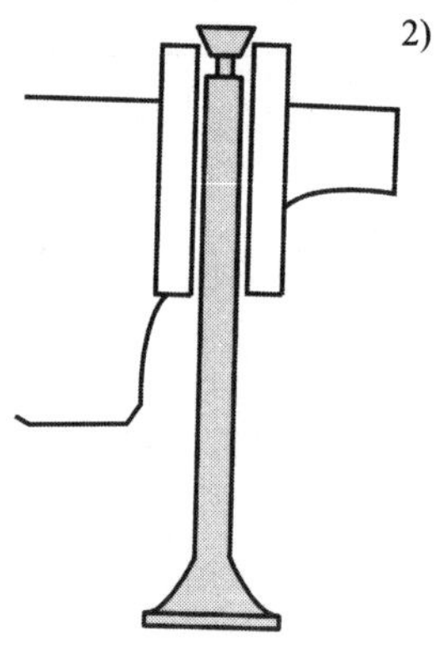

Mushroomed tip
A mushroomed valve tip should be filed before the valve from its guide.

- 밸브가 밸브 가이드에서 잘 탈거되지 않으면 밸브 팁의 머시룸 팁 mushroomed tip 이 있기 때문이다. 줄 file 로 절삭한 후 밸브를 탈거한다.

1. 엔진부품 세척

실린더 헤드나 블록을 분해한 후 검사나 측정을 하기 위해서 깨끗이 세척하는 것은 당연하나, 이때 부적절한 세척을 할 경우에는 오히려 부품이 훼손될 수 있으니 각별한 주의를 요한다. 예를 들면 독성이 강한 소다 caustic soda 를 사용하여 알루미늄 부품을 세척할 경우에는 부식이 발생할 수 있다.

(1) 오염의 종류

수용성 오염 water-soluble soil	예) 먼지, 흙, 오물
오일 또는 가솔린에 의한 오염 organic soil	예) 엔진오일, 가솔린, 디젤유, 그리스 grease
가솔린이 연소 시 발생하는 연소 화합물	예) 바니시 Vanish[3], 검 gum[4], 슬러지 sludge[5]
기 타	예) 실런트 sealant, 실리콘 silicone 등

---

1) 실린더 헤드를 분리하기 전 밸브스프링 하이트를 측정한다.
2) 밸브를 밸브 가이드로부터 분리 전 밸브 팁에 있는 머시룸을 줄로 제거한다.

녹 rust	녹은 쿨링 시스템에서 내부에서 열전달 효과를 저해시킴
스케일 scale	지하수 같이 미네랄 minerals 을 함유한 물을 냉각수로 사용하면, 미네랄이 서서히 분해되어 금속표면에 붙는다. 특히 쿨링 시스템 내 있는 이런 오염물을 스케일이라 한다. 스케일은 퇴적하면서 냉각통로를 막아, 냉각수 순환효과를 방해한다.

(2) 세척의 종류

고열 클리닝 Thermal cleaning : 실린더 헤드나 실린더 블록 등 부품을 오븐 oven 에 넣고 약 350~420도 고온으로 가열하여 실린더 블록, 실린더 헤드 등에 있는 각종 유기물 오염물 all oils, grease 등을 태워버리는 세척방법이다. 유기물은 타서 재 ash 로 변하고, 물로 마무리 세척을 한다.

(3) 균열 crack 검사 및 균열 수리

주조 casting 로 생산된 실린더 블록에 국부적으로 응력 stress 나 변형 strain 이 발생하면 결국 취약한 부분에서 균열이 발생한다. 미세한 균열 탐지 방법은 아래와 같다.

❶ **주조-주철 실린더 블록** : MPI Magnetic particle inspection 방법

❷ **자성 형광물질 이용** magnetic fluorescent paste : 균열이 의심 가는 곳에 형광물질을 바르고 블랙 라이트 black light 로 비출 때, 형광색 라인이 나타나면 균열임을 알 수 있다.

(4) 알루미늄 헤드 수리

알루미늄 실린더 헤드의 균열이 발생했다면 교체하는 것이 적절하나, 부득이 수리를 하여 재사용해야 하는 경우, TIG Tungsten inert gas 방법을 사용한다.

---

3) **Vanish,** 바니시 엔진오일이 산화반응을 하여 생성된 오염물질
4) **gum,** 검 가솔린 연료가 산화되어 생성된 오염물질
5) **Sludge,** 슬러지 엔진오일과 냉각수가 혼합 또는 산화되어 생성된 오염물질

2.2 실린더 헤드 : 균열, 평면도 불량, 부식

— Visually inspect cylinder heads for cracks, warpage, corrosion, and leakage, and check passage condition

1. 실린더 헤드 균열 및 부식 검사

- 주철 재질의 실린더 헤드는 전자석 원리를 이용한 테스터기로 실시하고, 알루미늄 재질의 실린더 헤드는 형광물질을 사용한다.
- 전용 금속판을 이용하여 냉각수 통로를 막은 후 물속에 넣고 압축 공기를 주입시켜 기포가 발생하는지 확인하는 방법도 있다.
- 실린더 헤드의 냉각수 통로 내부에 부식, 녹 그리고 슬러지 등이 있는지 확인한다.

2. 실린도 헤드 평면도 불량

- 직선자 straightedge 와 필러 게이지 feeler gauge 를 사용하여, 대각선, 가로 및 세로로 실린더 헤드의 평면도를 측정한다.
- 전형적인 평면도 규격은 주철 실린더 헤드는 0.005in, 알루미늄 실린더 헤드는 0.002~0.003in 이내이어야 한다.
- 평면도 상태가 심하게 불량하면 재연삭 가공 하거나 폐기처리한다.
- 알루미늄 – 실린더 헤드는 주철 – 실린더 헤드보다 약 2배 팽창과 압축을 한다.
- 알루미늄 헤드가 주철 실린더 블록에 조립 장착되면, 이 둘 사이의 열팽창 계수가 달라 헤드개스킷에 상당량의 마찰 응력 scrubbing stress 이 발생하여 균열, 특히 밸브 시트 주변에 균열을 유발시킬 수 있다.
- 알루미늄 실린더 헤드 볼트는 엔진의 열기가 식기 전에는 볼트를 풀지 않는다. 왜냐하면 실린더 헤드 면이 변형될 수 있기 때문이다.
- 알루미늄 헤드가 오버히트 overheat 하거나 변형되면, 캠 보어 얼라이먼트 cam bore alignment 가 변형될 수 있다.

- 알루미늄 실린더 헤드면 불량은 보통 오버히트에 의해 발생한다. 오버히트를 유발하는 원인으로는 ① 냉각수 부족, ② 냉각수 순환 불량, ③ 지나치게 연료비 희박, ④ 점화 타이밍 부정확 등이다.

- 캠보어 얼라이먼트는 직선자 straightedge 와 필러게이지를 사용한다. 전형적인 규격으로 0.002~0.003inch 0.0508~0.0762mm 이다.

- 실린더 헤드 덱 deck 표면, 흡기 매니폴드 장착면, 배기 매니폴드 장착면의 평면도를 측정한다. 전형적인 규격으로 0.004inch를 초과하면 안 된다.

평면도	주철 실린더 헤드	알루미늄 실린더 헤드
규격	0.005inch	0.002~0.003inch

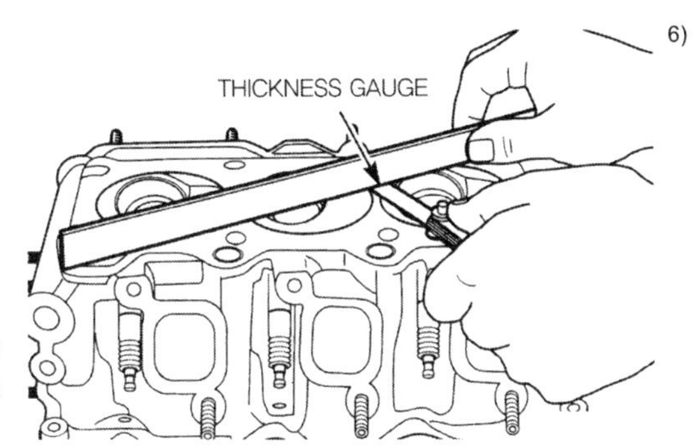

Checking cylinder head for warpage with a straightedge and thickness gauge

---

6) 직선자와 두께 게이지로 실린더 헤드의 평면도를 측정

2.3 밸브스프링의 직각도, 스프링 장력, 자유 길이

— Inspect and verify valve springs for squareness, pressure, and free height comparison; replace as necessary.

- 밸브 스프링 장력이 부적절하면 밸브가 바운스 bounce 되거나 파손될 수 있다.
- 만약 장력이 너무 세면 캠샤프트 로브 camshaft lobe 가 조기에 마모 prematurely wearing 될 수 있고, 밸브가 손상될 수도 있다.
- 밸브 스프링의 종류에는 유니폼 피치 uniform pitch, 가변 피치 variable pitch, 바스켓 코일 basket coil 이 있다.
- 밸브 스프링에서 문제가 될 수 있는 것은 스프링 서지 spring surge 이다. 스프링 서지란 고속주행 시 밸브 스프링 자체의 고유진동이 유발되어 비정상적인 진동 abnormal oscillation 을 일으키는 것을 말한다. 일부 엔진에서는 스프링 서지를 방지하고자 바스켓 코일 basket coil 을 사용하는데 조립 시 방향성이 있으므로 조심한다 코일 피치 간극이 좁은 쪽이 밸브헤드를 향하여 조립한다.
- 스프링 서지 현상을 감소시키고 전반적인 스프링 장력도 향상시키기 위해 일부 엔진에서는 메인 스프링 안쪽에 역방향으로 감긴 보조스프링을 가진 이중 스프링 double spring 을 사용한다. 2개의 스프링은 고유 진동수가 다르다.
- 스프링 서지은 다음의 경우에 발생 가능성이 크다.
    - ❶ 스프링이 약화되거나 weaken spring
    - ❷ 인스톨 스프링 하이트가 부적절하거나 improper installed spring height
    - ❸ 엔진속도가 지나치게 높을 때 excessive engine speed

- 장기간 스프링 서지가 발생했다면 스프링의 끝단이 매끈하거나 smooth 윤택 polished 이 난다.
- 스프링 서지 시에 밸브 스프링은 회전할 수 있는데, 이것이 밸브 시트 valve seat 나 밸브 페이스 valve face 를 깎는 작용 grinding 을 할 수 있다. 결국 밸브페이스가 마모되거나 밸

브 시트가 움푹 파일 수 있다.

- 밸브 스프링이 약화되거나 파괴 breakage 될 수 있는 기타 원인은 다음과 같다.

    ❶ 스프링 서지가 지나치게 계속될 때

    ❷ 스프링 장력이 지나치게 강할 때 또는 고열에 노출될 때

    ❸ 러스트 피팅 rust pitting : 부식에 의한 생기는 작은 구멍 또는 자국

- **밸프스프링의 직각도 측정** : 평평한 정반 위에 스프링을 올려놓고, 그 옆에 직각자를 세운 다음, 필러 게이지 feeler gauge 로 스프링과 직각자의 틈새를 측정한다. 밸브스프링을 회전시키면서 스프링과 직각자 틈새가 0.06in 1.524mm 이상이면 교체한다.

- **스프링 장력 테스트** : 규격값의 15% 이상 감소하면 스프링을 교체한다.

- **스프링 자유장 길이** : 규격의 0.0625in 1.587mm 이상 차이나면 안 된다. 그 이상은 교체한다.

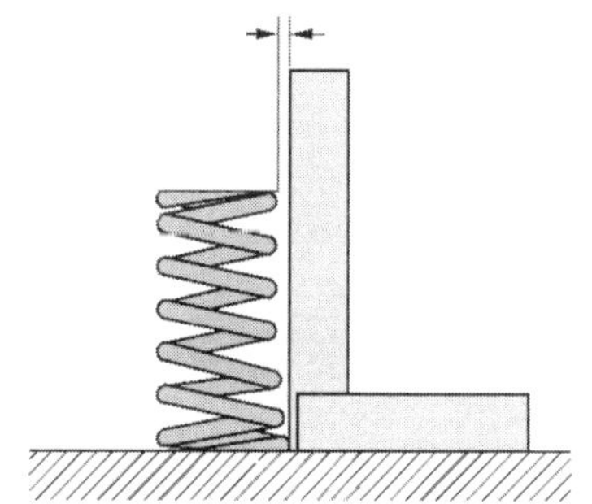

2.4 밸브스프링 리테이너, 로테이터, 락, 밸브 락 그루브

— Inspect valve spring retainers, rotators, locks, and valve lock grooves.

- **밸브스프링 리테이너** valve spring retainer : 마모, 긁힘, 파손이 있는지 검사하고, 이중에 한 가지라고 있으면 교체한다. 만약 밸브 리테이너가 마모되면 밸브는 센터라인 center-line 에서 이탈할 수 있다.

- **밸브 로테이터** valve rotators : 엔진 작동 시 밸브를 회전시켜 밸브의 수명을 연장시킨다. 검사방법은 엔진을 약 1500rpm 정도로 가동하면서 로테이터가 회전하는지 확인한다. 회전방향은 중요하지 않다.

- 만약 로테이터가 회전하지 않는다면, 분해 후 밸브 스템 팁 valve stem tip 에 불균형한 마모 흔적 uneven wear pattern, a shallow groove or channel 이 있을 것이다.

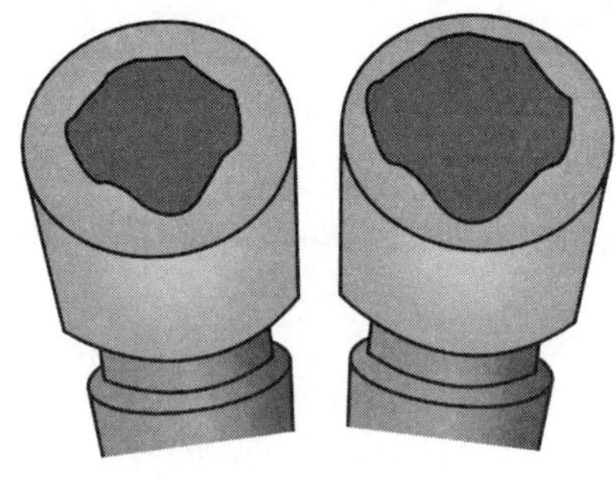

Two examples of wear that results when a lifter fails to rotate on the [7] camshaft lobe

- **밸브 로테이터 3대 기능** : 카본 제거, 편마모 방지, 균일한 온도 분포

- **밸브 락 그루브** Valve lock groove : 마모, 긁힘, 특히 턱 shoulder 이 라운드 round 한 지 검사한다. 만약 턱이 평평하지 않거나 라운드하면, 교체한다. 만약 밸브 락 그루브가 마모된다면 고속 주행 시 밸브 락 lock or keeper 이 이탈하여 엔진에 심각한 손상을 끼칠 수 있다.[8]

---

7) 리프트가 캠샤프트 로브에서 회전하지 않아 생긴 두 가지 마모 유형
8) 밸브 락이 이탈하면 스프링도 같이 튕겨나가고, 밸브는 실린더 내로 빠져 결국 피스톤과 충돌할 것이다.

2.5 밸브 스템 실 valve stem seals

— Replace valve stem seals

- 엔진오일이 밸브 가이드와 밸브 스템 간극 사이로 흘러 들어가는 것을 방지하기 위해 밸브 스템 valve stem 또는 밸브 가이드에 설치되는 오일 실 oil seal 을 말한다.
- 밸브 실 종류 :
    ❶ 우산 타입 밸브 실 umbrella type valve seal
    ❷ 포지티브 타입 밸브 실 positive type valve seal
    ❸ 오링 실 O-ring seal

- **우산타입 밸브 실** umbrella type valve seal : 밸브 스템에 단단히 고정되어 밸브와 함께 상하로 움직인다.
- **포지티브 타입 밸브 실** positive type valve seal : 밸브 가이드에 단단히 고정되어 밸브 스템은 이 실 seal 을 통과하며 움직인다. 장착 시 밸브 실 드라이버 valve seal driver 를 사용하여 밸브 가이드 상단에 닿을 때까지 조심스럽게 밸브 실을 밀어 넣는다.
- **오링 실** : 밸브 스템 위에 설치되어 밸브가 열릴 때 오일이 유입되는 것을 방지한다. 장착하기 전 오링에 오일을 살짝 도포한 후 밸브 스템의 락 그루브 lock groove 하단부에 오링을 장착한다.

2.6 밸브 가이드 : 밸브 가이드 하이트와 스템- 가이드 간극

— Inspect valve guides for wear; check valve guide height and stem-to-guide clearance

- 홀 게이지 hole gauge 를 사용하여 밸브 가이드의 상·중·하 3곳의 내경을 측정하고, 밸브 스템 valve stem 은 마이크로미터 micrometer 를 사용하여 밸브 스템의 상-중-하 3곳을 측정한다. 측정값 중에서 가장 큰 편차를 기준으로 적합여부를 판단한다.
- 다이얼 인디케이터 dial indicator 를 사용하여 가이드–스템 사이의 간극은 측정할 수 있다. 그림과 같이 다이얼 인디케이터를 설치하고 밸브를 좌우로 움직여서 다이얼 인디케이터의 눈금을 확인하고 규격값과 비교한다.

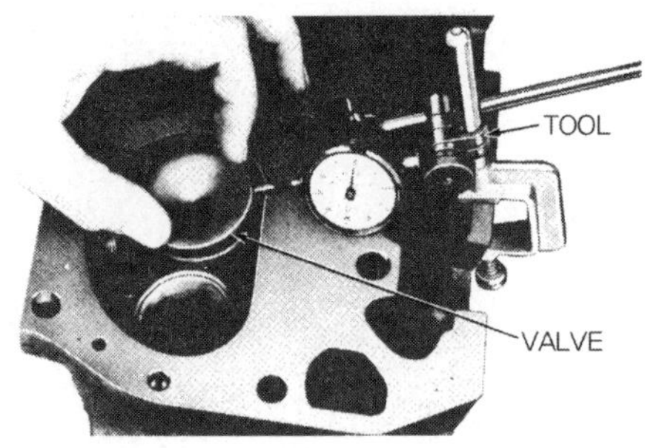

Checking valve-guide wear by using a dial indicator to measure side movement of the valve head [9]

- 밸브 스템과 가이드가 너무 마모되어 간극이 너무 크면 오일소모가 심할 것이다.

밸브 스템 가이드 간극 규격 Valve stem-guide clearance	흡기 밸브	0.001~0.003inch
	배기 밸브	0.002~0.004inch

- 밸브 가이드 하이트 valve guide height 는 밸브스프링 리테이너와의 간섭을 피하기 위해서 중요하다. 가이드를 타이트하게 설치한 후, 밸브를 넣어 어떤 간섭이 있는지 확인한다.
- 만약 밸브 시트면이 과다하게 절삭되었다면 밸브 스템 측정값이 크게 나올 것이다.

---

9) 다이얼 인디케이터를 사용하여 밸브 헤드 측면 움직임을 측정함으로서 밸브 가이드 마모량을 점검한다.

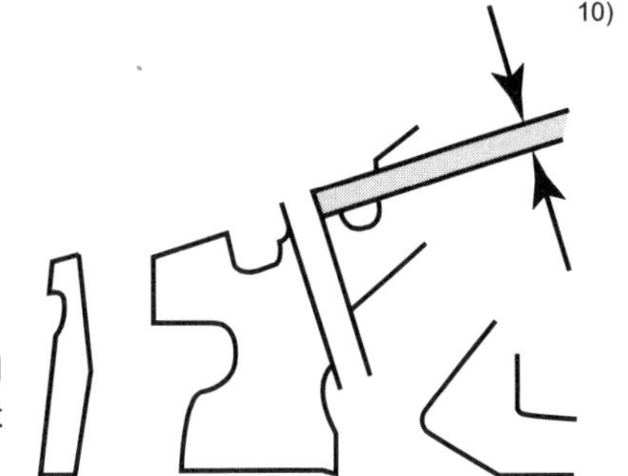

Valve guide height

Make sure to check the installed height of the new guide and correct it if necessary

2.7 밸브와 밸브 시트 Valve seat

— Inspect valves and valve seats; determine needed repairs.

- 밸브 검사 항목

    ❶ 밸브에 탄 흔적, 밸브 스템의 마모, 굽힘 변형 등을 확인한다.

    ❷ 밸브 마진 valve margin 은 최소한 1/32inch 0.03inch, 0.762mm 이상 되어야 한다.

    ❸ 밸브 그루브 valve groove 의 마모가 있는지 확인한다.

    ❹ 밸브 스템의 외경 측정, 마모, 굽힘 변형을 검사한다.

    ❺ 밸브 페이스 각도를 측정한다.

- 솔벤트 solvent 를 사용하여 밸브에 있는 탄소 퇴적물 carbon deposit 을 제거한다.

- **밸브 시트** valve seat **검사** : 밸브 시트 간에 균열 또는 부식 corrosion 이 발견되면 실린더 헤드를 교환한다.

- 밸브 시트의 각도와 밸브 페이스의 각도는 보통 1도의 차이가 있는데, 이를 간섭 각도 interference angle 라 부른다. 예를 들면 밸브 시트는 46도, 밸브 페이스는 45도이다.

---

10) **밸브 가이드 하이트** : 새 가이드의 인스톨 하이트를 반드시 측정하고, 만약 부적절하면 교정한다.

- 간섭 각도를 두는 이유는 밸브 접촉면의 밀착력을 향상시키고 밸브 페이스에 형성되는 카본 퇴적물을 제거하기 위해서이다.

- 모든 밸브가 간섭각도를 가지는 것은 아니다. 예를 들면 표면강화 처리된 밸브 satellite face 또는 밸브 로테이터 valve rotator 를 가지는 밸브는 간섭각도를 두지 않는다.

- 밸브 트레인에서 가장 중요한 실링 sealing 은 밸브가 닫혔을 때 밸브 시트와 밸브 페이스 접촉상태이다.

밸브 시트의 실링의 중요 요소	밸브 시트 폭 valve seat width	흡기 밸브: 1/16inch, 배기 밸브: 3/32inch
	밸브 페이스 접촉 위치 contact line on the valve face	밸브 페이스 적정 접촉 위치와 밸브 마진 valve margin 간의 거리는 1/32inch 0.793mm 이다.
	동심원 Run-out or concentricity	밸브 시트 런 아웃 테스터기로 측정 Valve seat run out tester

- 접촉면이 너무 낮거나 폭이 부적당하면, 밸브 시트는 다시 연삭 가공해야 한다.

- 접촉라인 contact line 이 밸브페이스에서 너무 높으면 15도 각도의 스톤을 사용하여 시트를 가공한다.

- 반대로 접촉라인이 너무 낮으면, 60도 스톤을 사용한다.

2.8 밸브 페이스 - 시트 콘택트 및 밸브 시트 동심원

― Check valve face‑to‑seat contact and valve seat concentricity(runout).

- 밸브 시트를 재가공한 후, 밸브페이스에 염료를 바르고 밸브 시트에 장착한다. 밸브를 다시 제거하고 밸브페이스에 있는 시트패턴을 확인한다. 만약 밸브 페이스에서 360° 동심원을 나타낸다면 진원도는 양호한 것이다.
- 특수 전용 다이얼 인디케이터를 이용한 밸브 시트 진원도 검사방법이 있다.

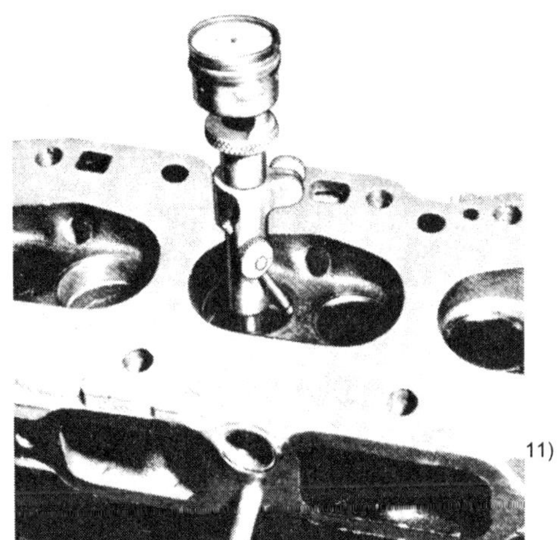

Checking valve seat runout

¹¹⁾

---

11) 밸브 시트 진원도 검사

2.9 밸브 스프링 인스톨 하이트 및 밸브 스템 하이트

— Check valve spring installed (assembled) height and valve stem height;

1. 밸브 스템 하이트

- 오버헤드 캠샤프트 camshaft 엔진에서 밸브 스템 하이트는 실린더 헤드에서 밸브스프링 패드 pad 부터 밸브의 팁 Valve tip 까지의 거리를 말한다.

- 밸브 스템 valve stem 하이트가 지나치게 크면 최대 0.02inch까지는 밸브 팁을 갈아낼 수 ground 있다.

- 만약 밸브 스템 하이트가 지나치게 크면, 밸브 트레인의 기하학적 형상 geometry 이 틀어져서 결국 밸브 래시 문제 valve lash problem 를 발생할 수 있다. 예를 들면 밸브리프트의 플런저 plunger 가 아래로 밀려 움직이게 될 것이다.

- 유압식 밸브 리프터는 밸브 래시 lash, 간극을 항상 제로로 유지하는 유압 기구이다.

2. 밸브 스프링 인스톨 하이트

- 밸브를 실린더 헤드에 장착한 후, 인스톨 하이트를 측정해야 한다. 인스톨 하이트가 스프링 장력에 중요한 영향을 주기 때문이다.

- 인스톨 하이트를 측정할 때 반드시 밸브 스프링을 조립하고 측정할 필요는 없다.

- 밸브, 스프링 리테이너, 스프링 시트를 장착하고, 스프링 시트와 스프링 리테이너 사이의 거리를 측정한다.

- 만약 인스톨 하이트가 규격값보다 크면, 적당한 심 shim 을 사용하여 조정한다.

- 밸브페이스와 밸브 시트를 지나치게 가공하면, 밸브 스템 하이트가 높게 측정될 수 있다. 이런 경우에는 심으로 교정이 어려우므로 부품 자체를 교환해야 한다.

2.10 푸시로드, 로커 암, 로커 암 피봇

— Inspect push rods, rocker arms, rocker arm pivots, and shafts for wear, bending, cracks, looseness, and blocked oil passages; repair or replace as required.

- 푸시로드 push rod 검사항목은 굽힘 변형과 끝단의 마모이다.
- 정반위에 푸시로드를 굴려 굽힘변형이 있는가 확인할 수 있지만 정확하게 측정하려면 다이얼 인디케이터를 사용한다.
- TIR total indicated reading[12]가 0.003inch 0.076mm 이상이면 교환한다.
- 푸시로드에 굽힘변형이 발생했다는 것은 밸브 트레인에 어떤 문제가 발생했음을 의미한다. 예를 들면 밸브가 원활하게 작동하지 않거나 밸브의 부적절한 조정 등이다.
- 이종異種의 스프링 사용 또는 인스톨 스프링 하이트 installed spring height 가 지나치게 낮으면 푸시로드의 변형이 발생할 수 있다.
- 로커암 샤프트의 마모, 긁힘 여부를 검사한다. 만약 로커암이 불량하면 밸브조정이 불량해 질 수 있고, 밸브 트레인에서 클릭킹 노이즈 clicking noise 가 발생할 수 있다.
- 푸시로드 끝단 the ends of the push rods 에 흠집 nicks, 그루브 grooves, 거친 조도 roughness, 지나친 마모 excessive wear 등이 있는지 검사한다.

---

12) **TIR Total indicated reading** : 푸시로드를 V블록에 올려놓고 360도 회전시켰을 때 다이얼 인디케이터에서 눈금이 지시한 최댓값과 최솟값을 구하고, 그 편차를 반(1/2)으로 나눈 값.

2.11 하이드로릭, 메커니컬 리프트

― Inspect and replace hydraulic or mechanical lifters/lash adjusters.

- 밸브 리프터 valve lifter 를 태핏 tappets 이라고도 부르며, 기계식 solid type 과 유압식 hydraulic 두 종류가 있다.

- 솔리드 solid 밸브 리프터는 캠샤프트와 밸브 사이를 위치한다. 주기적인 간극 조정 periodic adjustment 이 필요하다. 간극이 지나치면 클릭킹 노이즈가 발생할 수 있다.

- 유압 리프터는 오일을 사용하여 밸브트레인 작동 시 발생하는 진동충격을 흡수한다.

- 리프터 Lifter 바닥면이 파이거나 마모되었다면, 리프트와 캠샤프트를 함께 교체한다.

- 리프트는 반드시 볼록 convex 해야 한다. 평평 flat 하거나 오목 concave 해서는 안 된다.

- 리프터 플런저 lifter plunger 가 **뻑뻑**하면, 엔진 시동을 걸 때 클릭킹 노이즈가 발생할 수 있고 밸브가 탈 수 burned 도 있다.

- 리프터 리크다운 테스터 lifter leak down tester 로 리프터를 시험할 때, 리프터가 너무 빨리 리크다운 leak down 되면 엔진 아이들 시 밸브 트레인 클릭킹 clicking 노이즈가 발생한다.

2.12 밸브 조정

— Adjust valves on engines with mechanical or hydraulic lifters.

- 밸브 트레인 간극을 밸브 래시 valve lash 라고도 한다. 과대한 밸브 래시는 노이즈 또는 손상 등을 유발시키기 때문이다.
- 기계식 리프터를 사용하는 모든 엔진은 밸브 래시를 조정해야 한다. 밸브 래시는 밸브 팁 valve tip 과 로커 암 rocker arm 또는 캠 로브 cam lobe 사이에 필러게이지 feeler gauge 를 삽입해서 측정한다.
- 밸브간극이 지나치게 크면 밸브가 열릴 때는 늦게 열리고, 닫힐 때는 빨리 닫힌다. 반대로 너무 작으면, 빨리 열리고 늦게 닫힌다.
- 유압 리프터가 밸브 트레인의 온도변화에 따른 팽창 또는 마모에 의한 간극 변화를 자동적으로 보상해 주기 때문에 밸브간극이 없다.

2.13 캠샤프트 camshaft, 벨트 belt, 텐셔너 tentioner

— Inspect and replace camshaft(s) (includes checking drive gear wear and backlash, end play, sprocket and chain wear, overhead cam drive sprocket(s), drive belt(s), belt tension, tensioners, and cam sensor components).

- **캠샤프트 검사항목** : 긁힘 scoring, 흠집 scuffing, 균열된 표면 fractured surface, 비정상 마모 signs of abnormal wear, 오일 통로 막힘 Plugged oil passage
- 벨트 belt 나 체인 chain 그리고 스프로킷 sprocket 이 장기간 사용 후 느슨해지거나 마모되면 타이밍 점프 jump time 가 발생할 수 있고, 이로 인해 엔진 성능 저하의 원인이 된다.
- 밸브 타이밍 조정이 잘못되면 밸브와 피스톤의 충돌할 수도 있다.
- 벨트의 불량 유형으로는 벨트 표피 벗겨짐 Peeling, 이빨 빠짐 Tooth missing, 마모된 에지 Rounded edge, 고무 벗겨짐 Rubber exposed, 균열 등이다.
- 기어의 이빨 표면의 균열, 파편조각 spalling, 지나친 마모 등은 부적절한 백래시 backlash[13] 를 의미한다. 백래시가 너무 적으면 마찰이 커지며, 너무 크면 기어의 맞물림이 나빠져 기어 파손이 발생한다.
- 만약 타이밍 벨트가 끊어지면 캠샤프트는 더 이상 회전하지 않는다. 따라서 피스톤이 TDC를 향해가도 밸브가 열려 있을 수 있고 결국 밸브와 피스톤의 충돌이 발생하여 엔진에 심각한 손상을 유발한다. 그러나 free wheeling engine[14]은 밸브와 피스톤의 충돌이 발생하지 않는다.

---

13) **back lash** : 맞붙인 두 기어 이빨 사이에 존재하는 간극 또는 유격
14) **free wheeling engine :** 타이밍 벨트가 끊어져 밸브가 열린 상태에서 멈추었을 때에도, 피스톤이 상사점에 있어도 밸브가 충돌하지 않게 설계된 엔진

2.14 캠샤프트 저널 및 로브

— Inspect and measure camshaft journals and lobes; measure camshaft lift.

- 캠샤프트를 V블록에 놓고 캠 높이 cam height 와 베이스 서클 Base circle 을 외경 마이크로미터로 측정한 후, 이 둘의 편차가 캠 리프트 cam lift 이다.
- 캠샤프트가 엔진블록에 장착되는 엔진에는 다이얼 인디케이터를 사용하여 캠로브 cam lobe 의 리프트를 측정한다.
- **캠샤프트 진직도** straightness **검사** : 캠샤프트를 V블록에 놓고 다이얼 인디케이터를 센터 베어링 저널에 놓는다. 캠샤프트를 천천히 돌려 눈금을 읽는다. 만약 0.002inch 0.058mm 라면 교체한다.

Checking a camshaft lobe using a dial indicator

15)

---

15) 다이얼 인디케이터를 사용하여 캠샤프트 로브를 측정함.

2.15 캠샤프트 보어

― Inspect and measure camshaft bore for wear, damage, out-of-round, and alignment

- 오버헤드밸브16) 엔진에서는 플라스틱 게이지를 사용해서 베어링 간극을 측정할 수 있다.
- 캠샤프트 베어링 진원도 검사 out-of-round 는 텔러스코핑 게이지17)로 베어링의 여러 곳을 측정하고 규격 초과 시 베어링을 교환한다.
- 캠샤프트 베어링 보어의 얼라이먼트가 부적절하다면 실린더 헤드를 교환한다.
- 직선자 straightedge 와 각 베어링 보어 간극을 측정함으로서 보어 얼라이먼트의 이상 유무를 확인할 수 있다.

---

16) **OHC, overhead camshaft** 오버헤드 캠샤프트
17) **telescoping gauge** 텔레스코핑 게이지

2.16 캠샤프트와 크랭크샤프트 타이밍

― Time camshaft(s) to crankshaft.

- 캠샤프트가 한 번 회전할 때, 크랭크샤프트는 두 번 회전한다. 즉 기어비가 2:1이다
- 흡기 밸브와 배기 밸브가 동시에 열려 있는 구간을 밸브 오버랩 overlap 이라 한다. 오버랩 계산은 흡기 밸브의 열림 각도 BTDC 21° 와 배기 밸브의 닫힘 각도 ATDC 15° 의 합슴이므로 36°가 오버랩이다.
- 가변 타이밍 장치 variable-timing device 를 사용하여 고속 주행 시 흡기 밸브를 좀 더 열어 체적효율을 높인다.

2.17 실린더 헤드 재조립

― Inspect cylinder head mating surface condition and finish, reassemble and install gasket(s) and cylinder head(s); replace and tighten fasteners according to manufacturers' procedures.

- 실린더 헤드를 실린더 블록에 조립하기 전 실과 개스킷을 잘 장착되어 있는지 확인한다. 실이 그루브에 잘 놓여 있어야 한다.
- 베어링의 오일 홀 oil hole 과 실린더 헤드의 오일 홀이 서로 일치해야 한다.
- 일단 캠샤프트를 실린더 헤드에 장착한 후, 캠샤프트는 쉽게 잘 회전해야 한다.
- 만약 캠샤프트가 잘 회전하지 않는다면 바인딩의 원인을 찾는다. 보통의 바인딩 원인으로는 베어링이 잘못됐거나 캠 저널의 찍힘 nicks, 또는 얼라이먼트가 잘못된 경우이다.

True or False Review Questions

01. 마그네틱 파티클 인스펙션 magnetic particle inspection **으로** 알루미늄 실린더 헤드의 균열을 검사한다.

> False 마그네틱 파티클 인스펙션은 주철 실린더 헤드나 블록의 균열여부를 확인할 수 있다.

02. 주철 실린더 블록의 균열은 텅스텐 이너트 가스 Tungsten inert gas[18) 방법으로 용접한다.

> False TIG 방법은 알루미늄 실린더 헤드의 균열을 용접한다.

03. 밸브 스프링의 장력이 지나치게 크면 캠샤프트의 로브 lobe 마모를 촉진한다.

> True 지나치게 센 스프링 장력은 캠샤프트 로브, 밸브 시트 등이 마모를 촉진한다.

04. 밸브 스프링 자유장 길이 free length 는 규격대비 1/16inch 1.6mm 이내의 편차이여야 한다.

> True 만약 1/16inch를 초과하면 교환한다.

05. 스프링 평면도 검사 시 1/16inch 1.6mm 이상이나 차이가 나면 스프링을 교체한다.

> True 밸브 스프링 평면도 검사는 스프링을 회전시키면서 검사한다.

06. 밸브 그루브 락이 마모되면 엔진 작동 중 밸브 이탈이 발생할 수 있다.

> True 밸브 그루브 락은 밸브스프링을 고정시켜주는 역할을 하므로 마모되어서는 안 된다. 문제에서와 같이 마모되면 주행 중에 밸브가 이탈할 수 있다.

07. 밸브 로테이션은 밸브 페이스에 열점 생성을 예방해 준다.

> True 밸브로테이션은 밸브를 회전시켜주는 기능을 한다. 밸브가 회전을 함으로서 밸브 페이스에 카본이 퇴적되는 것도 막아주고, 열점 생성도 예방해 준다.

08. 밸브 스템 오일 실이 파손되면 밸브 스템 또는 밸브 가이드의 마모가 촉진된다.

> False 밸브 스템 오일 실은 밸브 스템 또는 밸브 가이드에 장착되어 과잉의 엔진오일이 연소실에 유입되는 것을 막는다. 따라서 밸브 스템 오일 실이 파손되면 엔진오일의 연소가 심해질 것이다.

---

18) **inert gas** : 불활성 가스

09. 배기 밸브 실이 파손되면 오일은 엔진 배기포트로 유입된다.

True 배기 밸브 실이 파손되면 오일이 배기 포트로 빨려나가 오일소모를 촉진시킨다.

10. 밸브 스템 - 가이드 간극검사는 다이얼게이지로 검사한다.

True 밸브 스템 가이드 간극이 심하면 오일 소모가 촉진되므로 간극 유지가 중요하다. 간극검사는 홀게이지, 마이크로미터로 직접 내경과 외경을 측정하는 방법도 있지만 다이얼게이지를 이용하여 측정하기도 한다.

11. 밸브 가이드 간극이 지나치면 압축 압력이 상승할 수 있다.

False 밸브 가이드 간극이 지나치게 심하면 압축압력이 저하될 수 있다.

12. 밸브 가이드 간극이 지나치면 오일소모가 많아질 수 있다.

True 밸브 가이드 간극은 흡기 밸브는 0.001~0.003inches 배기 밸브는 0.002~0.004inches이다.

13. 밸브마진은 최소 1/32inch 0.8mm 이하이면 밸브가 탈 수도 있다.

True 밸브마진은 최소 1/32inch 0.03inches, 0.8mm 이상되어야 한다. 만약 그 이하이면 밸브가 탈 수도 있다.

14. 실린더 헤드에서 밸브를 분리할 때 밸브의 머시 룸 mushroom 을 줄로 제거한다.

True 실린더 헤드에서 밸브를 분리할 때 밸브의 머쉬 룸을 줄로 제거한다.

15. 밸브 시트 폭은 1/16inch 1.6mm, 밸브페이스의 중심에 일치하여야 한다.

True 전형적인 밸브 시트 폭은 1/16inch이여야 하고 밸브페이스의 중심에 일치하여야 한다.

16. 사진은 밸브 시트 폭을 측정하고 있다.

False 전용 측정도구를 사용하여 밸브 시트 동심원 valve seat concentricity 을 측정하고 있다.

17. 그림에서 밸브 페이스 접촉면이 매우 낮다면 60도 그라인딩 스톤을 사용한다.

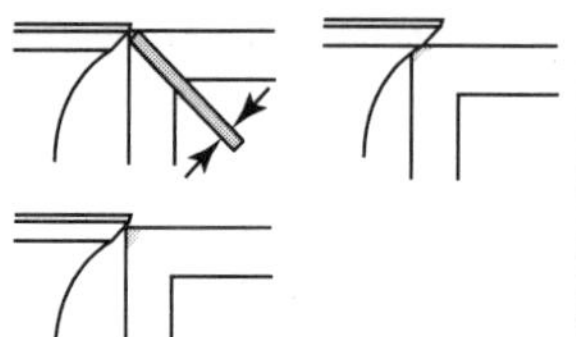

> **True** 밸브 페이스 접촉면이 매우 낮으면 60도 그라인딩 스톤을 사용하여 접촉면을 상향한다. 반대로 접촉면을 낮추고 싶으면 30도 그라인드 스톤을 사용한다.

18. 밸브 스프링 장착 높이 installed valve spring height 가 지나치게 높다면 주행 시 실화가 발생할 수 있다.

> **True** 밸브 스프링의 장착높이가 높다면 밸브의 장력조정을 잘못된 것이다. 이것은 고속주행 시 밸브의 떨림 floating 이 발생하여 실화가 발생할 수 있다.

19. 밸브 리프트 바닥면은 반드시 마모되거나 볼록해서는 안 된다.

> **False** 밸브 리프트 바닥면은 반드시 볼록해야 한다. 마모되면 교환한다.

20. 캠샤프트의 런아웃과 베어링 간극은 다이얼 인디케이터로 측정할 수 있다.

> **False** 캠샤프트 런아웃은 다이얼 인디케이터로 하지만, 간극은 플라스틱 게이지로 한다.

ASE Style Question

01. The feeler gauge measurement is 0.03 inch in the figure.

Technician A says the cylinder head should be resurfaced.

Technician B says cylinder block deck warpage should be measured. Who is right?

(A) A only   (B) B only

(C) Both A and B   (D) Neither A nor B

 그림에서 필러 게이지 측정값은 0.03inch이다.

정비사 A : 실린더 헤드를 재가공 표면처리 해야 한다.

정비사 B : 실린더 블록의 덱의 변형불량도 함께 측정해야 한다. 누가 맞는가?

(A) A만   (B) B만   (C) A와 B 모두   (D) 둘 다 아니다

전형적인 실린더 헤드의 규격은 다음과 같다.

평면도	주철 실린더 헤드	알루미늄 실린더 헤드
규격	0.005inch	0.002~0.003inch

문제에서 실린더 헤드는 불량하다. 재가공 하거나 여의치 않으면 교체한다. 한편 실린더 헤드의 변형 물량이 심하면 실린더 블록의 덱의 변형 불량도 함께 측정하여 점검해 봐야 한다.

정답 C

단어 **figure** 그림 / **measurement** 측정 / **resurfaced** 재표면처리하다 / **warpage** 변형불량, 비틀림 / **should be measured** 측정되어진다

02.

Technician A says valve margin of 1/64inch can cause valve burning.
Technician B says the typical interference angle is 1° between the valve seat and valve face. Who is correct?

(A) A only   (B) B only   (C) Both A and B   (D) Neither A nor B

번역 정비사 A : 1/64inch의 **밸브 마진은 밸브 버닝** 밸브가 열에 파손된 것 **을 초래할 수 있다.**

정비사 B : 밸브 시트와 밸브페이스 사이의 전형적인 간섭각도는 1도이다. 누가 맞는가?

(A) A만   (B) B만   (C) A와 B 모두   (D) 둘 다 아니다

밸브마진은 적어도 1/32inch 이상이여야 한다. 그 이하이면 밸브가 탄다. 1도의 간섭각도는 예를 들면 밸브 시트는 46도, 밸브면은 45도로 가공하여, 밸브 시트의 안착력 seating force 을 더 좋게 해준다. 더불어 밸브면의 카본 퇴적물 제거에도 도움을 준다.

정답 C

03.

Technician A says hydraulic valve lifter bottoms should be convex.
Technician B says a sticking lifter plunger may cause a clicking noise. Who is right?

(A) A only   (B) B only   (C) Both A and B   (D) Neither A nor B

번역 정비사 A : 유압식 밸브 리프트 바닥면은 반드시 볼록해야 한다.

정비사 B : 뻑뻑한 리프터 플런저는 클릭킹 노이즈를 초래할 지도 모른다. 누가 맞는가?

(A) A만   (B) B만   (C) A와 B 모두   (D) 둘 다 아니다

유압식 밸브 리프트의 바닥면은 볼록해야 한다. 마모되었거나 오목하면 교환해야 한다. 리프트 플런저에서 클릭킹 노이즈가 들린다면 뻑뻑한 플런저 때문일 수 있다.

정답 C

04.

Worn valve stem seal is the most likely cause of ____________.

(A) Valve stem wear   (B) Valve guide wear

(C) Excessive valve clearance   (D) Excessive oil consumption

번역 밸브 스템 실 마모는 ________의 가장 가까운 원인이다.

(A) 밸브 스템 마모   (B) 밸브 가이드 마모

(C) 과다한 밸브 간극   (D) 과다한 오일 소모

> 밸브 스템 실이 마모되면 과잉의 오일이 밸브 가이드 간극을 통해 연소실로 유입될 것이다.
>
> **정답** D

단어 **burning** 열에 탄 / **typical** 전형적인 / **hydraulic** 유압의 / **convex** 볼록한 / **sticking** 끈적끈적한 / **clicking noise** 클릭 노이즈 / **clearance** 간극

05.

Technician A says low oil pressure could be coused by excessive camshaft bearing clearance.

Technician B says thumping noise may be caused by excessive camshaft bearing clearance in idle rpm. Who is right?

(A) A only   (B) B only   (C) Both A and B (D) Neither A nor B

번역 정비사 A : 낮은 오일압력은 과다한 캠 샤프트 베어링 간극에 의해 발생할 수 있다.

정비사 B : 텀핑 노이즈는 아이들 RPM에서 과다한 캠샤프트 베어링 간극에 의해 발생 할지도 모른다. 누가 맞는가?

(A) A만   (B) B만   (C) A와 B 모두   (D) 둘 다 아니다

오일압력이 낮으면 캠샤프트 베어링 오일부족 현상이 발생할 수 있으며, 따라서 베어링 손상이 발생하여 간극불량이 발생할 수 있다. 정비사 A는 맞다. 아이들 시 캠샤프트 베어링 간극이 심하다고 텀핑 노이즈가 발생하지는 않는다. 정비사 B는 틀리다.

정답 A

06.

Technician A says the valve stem‐to‐guide clearance could be measured with a dial indicator.

Technician B says the valve guide diameter could be measured with a hole gauge. Who is correct?

(A) A only   (B) B only   (C) Both A and B (D) Neither A nor B

번역 정비사 A : 밸브 스템‐가이드 간극은 다이얼 인디케이터로 측정할 수 있다.

정비사 B : 밸브 가이드 직경은 홀 게이지로 측정할 수 있다. 누가 맞는가?

(A) A만   (B) B만   (C) A와 B 모두   (D) 둘 다 아니다

밸브 가이드는 홀 게이지를 사용하여 내경을 측정한다. 다이얼 인디케이터를 사용하여 가이드‐스템 사이의 간극은 다이얼 인디케이터로 측정할 수 있다. 정비사 A와 B 모두 옳다.

정답 C

07.

A loose timing belt that jumps teeth on the crankshaft sprocket may allow contact between the ____________.

(A) Pistons and cylinder head

(B) Valve heads and pistons

(C) Valves and cylinder head

(D) Pistons in adjacent cylinders

번역 크랭크샤프트 스프로킷에서 기어이빨을 점프한 느슨한 타이밍 벨트는 _________ 사이에서 접촉을 허용할지 모른다.

(A) 피스톤 및 실린더 헤드

(B) 밸브 헤드와 피스톤

(C) 밸브와 실린더 헤드

(D) 인접한 실린더에서 피스톤

타이밍 벨트가 느슨하여 점핑하면 밸브와 피스톤의 충돌이 발생할 수 있다.

정답 B

단어 **thumping noise** 큰 핑음 소리 / **valve stem to guide clearance** 밸브스템과 가이드의 간극 / **diameter** 직경 / **could be measured** 측정될 수 있다 / **loose** 느슨한 / **jumps** 점프하다 / **teeth** 기어이빨 / **allow** 허용하다 / **contact** 접촉하다

08.

When a valve is being removed from the cylinder head, the valve tip begins to bind at the valve guide. What should be done?

(A) Apply penetrating oil to the valve guide

(B) Tap the valve through with the a brass punch

(C) The valve tip edges should be filed

(D) Cut the valve stem off with a hacksaw

번역 실린더 헤드에서 밸브를 제거하려 할 때, 밸브 팁이 밸브 가이드에서 바인딩하기 시작한다. 무엇을 해야 하는가?

(A) 밸브 가이드에 오일이 스며들게 넣어본다

(B) 브라스 펀치를 가지고 밸브를 톡톡 친다.

(C) 밸브 팁 에지를 줄로 제거한다.

(D) 쇠톱으로 밸브 스템을 잘라낸다.

> 밸브팁에 머시 룸이 발생하면 보통 줄로 제거해 준다.

정답 C

09.

Technician A says that valve margin should be a least 1/32inch(=0.75mm). Technician B says to use a 30° stone in order to narrow and lower a 45° valve seat. Who is correct?

(A) A only   (B) B only   (C) Both A and B (D) Neither A nor B

번역 정비사 A : 밸브 마진은 적어도 1/32inch 이상되어야 한다.

정비사 B : 45° 밸브 시트를 좁고 낮추기 위해서 30° 스톤을 사용하라고 말한다. 누가 맞는가?

(A) A만   (B) B만   (C) A와 B 모두   (D) 둘 다 아니다

> 밸브 마진이 최소 1/32inch 이상되어야 한다. 만약 이보다 적으면 밸브가 탈 수 있다. 밸브 시트의 각도를 낮추려면 30도 스톤, 올리려면 60도 스톤을 사용한다.

정답 C

10. Technician A says that excessive valve stem height is usually corrected by grinding material from the valve tip.

Technician B says that dual valve spring generally have both coils wound in same direction. Who is correct?

(A) A only   (B) B only   (C) Both A and B (D) Neither A nor B

번역 정비사 A : 지나친 밸브 스템 하이트는 보통 밸브 팁을 그라인딩 함으로서 수정할 수 있다.

정비사 B : 듀얼 밸브 스프링은 보통 같은 방향으로 코일이 감겨져 있다. 누가 맞는가?

(A) A만   (B) B만   (C) A와 B 모두   (D) 둘 다 아니다

> 밸브 스템 하이트가 너무 크면 최대 0.0020inch까지는 밸브 팁을 그라인딩 할 수 있다. 듀얼 밸브에서 코일의 감긴 방향은 서로 반대이다.

정답 A

단어 **removed** 제거된 / **bind** 바인드 / **enter** 들어가다 / **apply** 적용하다 / **penetrating** 스며들다 / **tap** 탭 / **brass** 황동 / **edge** 끝단, 가장자리 / **hacksaw** 쇠톱 / **least** 적어도 / **in order to** ~하기 위해서 / **narrow** 폭이 좁은 / **lower** 낮은 / **excessive** 지나친, 과도한 / **corrected** 정확한 / **grinding** 그라인딩(깎아냄) / **material** 재료 / **dual** 이중 / **generally** 일반적으로 / **wound** 감긴

11. Technician A says valve spring installed height should be usually adjusted by installing longer valve springs.

Technician B says positive valve seals move up and down with the valve.

Who is correct?

(A) A only　　　　　(B) B only　　　　　(C) Both A and B (D) Neither A nor B

[번역] 정비사 A : 밸브 스프링 인스톨 높이가 보통 좀 더 긴 밸브스프링을 장착하여 조절되어져야 한다.

정비사 B : 포지티브 밸브 실은 밸브와 함께 상하로 움직인다. 누가 맞는가?

(A) A만　　　　　(B) B만　　　　　(C) A와 B 모두　　　　(D) 둘 다 아니다

밸브 스프링 인스톨 높이는 보통 심으로 조절한다. 포지티브 밸브 실은 밸브 가이드에 장착 고정되어 움직이지 않는다.

정답 D

12. There is an engine that has excessively worn exhaust valve guides.

Technician A says to inspect weak exhaust valve spring.

Technician B says that this could cause blue smoke in tail pipe. Who is correct?

(A) A only　　　　　(B) B only　　　　　(C) Both A and B (D) Neither A nor B

[번역] 과다하게 마모된 배기 밸브 가이드가 가진 엔진이 있다.

정비사 A : 배기 밸브 스프링이 약해졌는지 검사하라고 말한다.

정비사 B : 이것은 테일 파이프에서 청색 스모크를 초래할 수도 있다. 누가 맞는가?

(A) A만　　　　　(B) B만　　　　　(C) A와 B 모두　　　　(D) 둘 다 아니다

배기 밸브 스템과 가이드 간극이 커지면, 이 간극을 통해 고온, 고압이 배기가스가 역으로 올라가서 스프링의 부식시킬 수 있다. 한편 밸브 가이드 간극이 켜져 오일 소모가 심해지고, 테일 파이프에서 블루 스모크가 발생할 수 있다.

정답 C

13. There is an engine that has a warped cylinder head.

Technician A says that this might occur by running the engine with a faulty thermostat.

Technician B says that this could be caused by the overheated engine. Who is correct?

(A) A only   (A) B only   (A) Both A and B (A) Neither A nor B

번역 비틀린 실린더 헤드를 가진 엔진이 있다.

정비사 A : 이것은 결함 있는 서모스탯을 가진 엔진을 작동시킴으로서 발생한 것일 수도 있다.

정비사 B : 이것은 과열된 엔진에 의해 발생할 수도 있다. 누가 맞는가?

(A) A만   (B) B만   (C) A와 B 모두   (D) 둘 다 아니다

여기서 고장 난 서모스탯 faulty thermostat 은 닫힘 고착을 포함하므로 정비사 A는 옳다. Stuck closed thermostat은 오버히팅을 발생하고, 이로 인해 실린더 헤드 변형이 발생할 수 있다.

정답 C

단어 **adjusted** 조절되는 / **by installing** 장착하여 / **inspect** 검사하다, 조사하다 / **warped** 뒤틀린, 변형이 생긴

14. Technician A says that a burned exhaust valve can result from a valve seat that is too narrow.

Technician B says that an intake valve seat should be wider than an exhaust valve seat. Who is correct?

(A) A only   (B) B only   (C) Both A and B   (D) Neither A nor B

번역 정비사 A : 열에 탄 배기 밸브는 너무 좁은 밸브 시트에 의한 결과일 수 있다.

정비사 B : 흡기 밸브 시트는 배기 밸브 시트보다 더 넓어야 한다. 누가 맞는가?

(A) A만   (B) B만   (C) A와 B 모두   (D) 둘 다 아니다

밸브 시트를 통하여 열은 실린더 헤드로 방출된다. 만약 밸브 시트 폭이 작게 가공되었다면, 열 방출 효과가 감소하여 밸브에 고열에 탈 수 있다. 정비사 A는 맞다. 보통 배기 밸브 시트 폭이 흡기 밸브의 시트 폭보다 더 크다. 정비사 B는 틀리다.

정답 A

15. Technician A says that variable rate springs should be installed with the tightly coiled end of the spring toward the cylinder head.

Technician B says that the inside spring in damper spring is wound opposite to the outside spring direction. Who is correct?

(A) A only   (B) B only   (C) Both A and B   (D) Neither A nor B

번역 정비사 A : 가변(율) 스프링은 반드시 조밀하게 코일이 감긴 면이 실린더 헤드를 향하게 장착되어야 한다.

정비사 B : 댐퍼 스프링의 내부스프링은 외부 스프링 코일 감긴 방향이 반대이다. 누가 맞는가?

(A) A만   (B) B만   (C) A와 B 모두   (D) 둘 다 아니다

밸브의 진동을 감소시키기 위해서 가변 스프링 및 댐퍼스프링을 사용한다. 가변스프링 장착시 반드시 조밀하게 코일이 감긴 면이 실린더 헤드를 향하게 장착되어야 한다. 댐퍼 스프링의 양 스프링의 코일 감긴 방향은 서로 반대이다. 정비사 A, B 모두 옳다.

정답 C

16. Technician A says that grinding a valve seat will decrease the installed height of the valve spring.

Technician B says that a too thick shim can result in a bind in the coil spring, especially with a higher-performance camshaft. Who is correct?

(A) A only   (B) B only   (C) Both A and B (D) Neither A nor B

번역 정비사 A : 밸브 시트 그라인딩은 밸브 스프링의 인스톨 하이트를 감소시킬 것이다.

정비사 B : 너무 두꺼운 심을 사용하면 특히 고성능 캠샤프트와 코일 스프링이 바인딩이 발생할 수도 있다. 누가 맞는가?

(A) A만   (B) B만   (C) A와 B 모두   (D) 둘 다 아니다

밸브 시트를 절삭 가공 할수록 밸브페이스는 실린더 헤드 안쪽으로 더욱 밀착되어 결과적으로 밸브 스템 하이트가 커진다. 따라서 밸브 스프링의 인스톨 하이트와는 상관이 무관하다. 정비사 A는 틀리다. 너무 두꺼운 심을 사용하면 스프링 장력이 너무 커져 특히 고성능 캠샤프트에서 바인딩이 발생할 수 있다. 정비사 B는 옳다.

정답 B

단어 **result from** ~부터 결과이다 / **too narrow** 지나치게 좁은 / **wider than** ~보다 넓은 / **variable rate** 가변율 / **install** 장착하다 / **tightly coiled end** 조밀하게 코일이 감긴 면 / **opposite** 정반대의 / **direction** 방향 / **decrease** 감소하다 / **too thick** 너무 두꺼운 / **result in** 결과적으로 ~이 되다 / **especially** 특히 / **performance** 성능

17.

All of the following are the function and purpose of valve rotators EXCEPT __________.

(A) Reducing hot spots on the valves by constantly turning them

(B) Preventing carbon build-up from forming

(C) Increasing valve spring tension

(D) Evenly out the wear on the valve face and seat

번역 다음의 모든 보기들은 밸브 로테이터의 기능과 목적이다. 단 __________는 제외이다.

(A) 밸브를 지속적으로 회전시킴으로서 핫 스팟열점을 감소시킴

(B) 카본 퇴적을 예방함

(C) 밸브스프링 장력을 증가시킴

(D) 밸브페이스와 시트의 마모를 고르게 해 줌

밸브 로테이터의 기능과 목적은 열점방지, 카본 퇴적 방지, 균등한 마모 등이다. 밸브스프링 장력증가와는 무관하다.

정답 C

18.

The intake valve opens at 38° BTDC and closes at 70° ABDC. The exhaust valve opens at 78°′ BBDC and closes at 48°′ATDC. What is the degree of overlap?

(A) 86° (B) 108° (C) 116° (D) 149°

번역 흡기 밸브는 BTDC 38°에서 열리고, ABDC 70°에서 닫힌다. 배기 밸브는 BBDC 78°에서 열리고, ATDC 48°에서 닫힌다. 오버랩은 몇 도인가?

(A) 86° (B) 108° (C) 116° (D) 149°

오버랩은 흡기 밸브와 배기 밸브가 동시에 열려 있는 구간이다. 흡기 밸브는 BTDC 38°에 열리기 시작하고, 배기 밸브는 ATDC 48° 전까지는 열려 있으므로 이 각도를 합치면 오버랩 각도가 된다. 따라서 86°가 정답이다.

정답 A

19.

Technician A says that if a new camshaft is installed, new lifters should also be installed.

Technician B says that if the cam lobe is worn, a valve tick noise can be heard.

Who is correct?

(A) A only　　　　(B) B only　　　　(C) Both A and B　(D) Neither A nor B

번역 정비사 A : 만약 뉴 캠샤프트가 장착된다면, 새 리프터도 함께 장착되어야 한다.

정비사 B : 만약 캠 로브가 마모된다면, 밸브 틱 tick 노이즈가 들릴 수 있다. 누가 맞는가?

(A) A만　　　　(B) B만　　　　(C) A와 B 모두　　　(D) 둘 다 아니다

캠샤프트와 리프터는 보통 함께 교환한다. 밸브 트레인에서 틱 노이즈가 들린다면 캠 로브가 마모되어서 발생할 수 있다. 정비사 A, B 모두 옳다.

정답 C

단어 **function** 기능 / **purpose** 목적 / **reducing** 감소시킴 / **constantly** 지속적으로 / **preventing** 예방하다 / **forming** 형성하는 / **increasing** 증가시키는 / **tension** 장력 / **evenly** 골고루, 균등하게

20. All of the following can cause spring surge EXCEPT ______.

(A) Excessive engine speed   (B) Weaken spring

(C) Improper installed spring height   (D) Excessive spring tension

번역 다음의 모든 보기들은 스프링 서지를 초래할 수 있다. 단 __________ 제외이다.

(A) 지나친 엔진 스피드   (B) 약해진 스프링

(C) 부적당한 인스톨 스프링 하이트   (A) 지나친 스프링 장력

고속주행 시, 장력이 약해진 스프링, 인스톨 스프링 하이트 잘못 조정되면 스프링 서징 surging 이 발생할 수 있다. 코일 스프링 서징은 고속에서 불안정한 진동, 떨림 현상을 말한다. 너무 두꺼운 심을 사용하면 스프링 장력이 지나치게 커질 수 있고, 고속에서 스프링이 바인딩 binding 될 수 있다.

정답 D

단어 **BTDC(before Top dead center)** 전상사점 / **ABDC(after bottom dead center)** 후하사점 / **BBDC(before bottom dead center)** 전하사점 / **ATDC(after top dead center)** 후상사점 / **be installed** 장착되어진다 / **is worn** 마모되다 / **be heard** 들린다

Chapter C

Engine Block Diagnosis and Repair 10 Questions

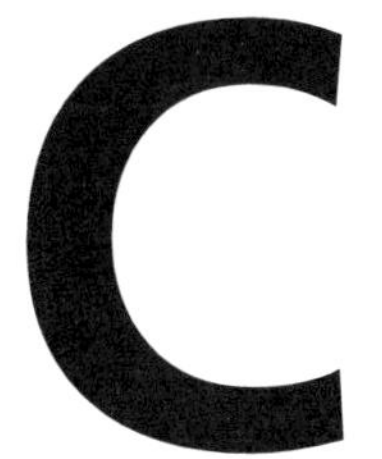

C. 엔진 블록 진단 및 수리 10문항

5.1 엔진블록 Engine Block

1. 엔진블록 분해 및 세척

— Disassemble engine block; clean and prepare components for inspection and reassembly.

- 주철 부품은 핫 탱크 hot tank 에 담겨 알칼리성 alkaline 용액으로 오일 슬러지, 카본 퇴적물, 냉각수 통로에 있는 미네랄 퇴적물 을 제거시킨다.

- 그러나 알루미늄 부품은 핫 탱크 hot tank 에 담겨두면 부식이 발생하기 때문에 넣으면 안 된다.

- **고열 클리닝** Thermal cleaning : 실린더 헤드나 실린더 블록 등 부품을 오븐 oven 에 넣고

약 350~420도 고온으로 가열하여 실린더 블록, 실린더 헤드 등에 있는 각종 유기물 오염물 all oils, grease 등을 태워버리는 세척방법이다.

- 유기물은 타서 재 ash 로 변하고, 물로 마무리 세척을 한다.
- 피스톤과 커넥팅 로드를 제거하기 전에 반드시 링 리지 ring ridge 는 제거하여야 한다.
- 리지 리밍 ridge reaming 후, 실린더 안으로 떨어진 부스러기 등은 기름걸레를 사용하여 제거한다.
- 에어 건을 사용하여 불어내지 않는다.
- 커넥팅 로드는 반드시 마킹 marking 된 방향으로 재조립하여야 한다.
- 메인 베어링은 반드시 오리지널 위치 original position 에서 재조립하여야 한다.
- 일반적인 실린더 블록 검사 시, 균열이 발생했는지 또는 실린더 헤드 접촉면에 비틀림 변형이 발생했는지 확인한다.
- 실린더 벽 검사 시 심하게 마모되거나 측정값이 불량 하면 호닝 horning 을 실시한다.

2. 엔진블록 검사

— Visually inspect engine block for cracks, corrosion, passage condition, core and gallery plug hole condition, surface warpage, and surface finish and condition

- 주철 실린더 블록에 균열검사는 전자석 균열 검사기 Electromagnetic crack detector 를 사용한다.
- 실린더 헤드가 비틀림 변형이 발생하면 밸브 시트 변형 distortion 을 유발시킬 수 있고, 냉각수 등이 누설할 수 있다.
- 실린더 블록 덱 deck 의 평면도를 측정한다. 실린더 블록 덱의 평면도를 측정할 때, 직선자와 필러게이지로 사용하여 측정한다. 측정하기 전에 블록 덱 block deck 표면을 이물질을 제거한다.
- 압축공기를 이용하는 방법으로 실린더 블록의 모든 통로 passages 를 막고 물 속에 넣은

다음 공기압을 불어 넣어 실린더 균열검사를 할 수 있다.

- 만약 에어 버블air bubble 이 실린더 블록에서 나온다면 균열이나 기공pores 이 발생한 것이다.

- 코어 플러그core plug 이나 오일 갤러리 oil gallery 를 제거하지 않으면 실린더 블록을 완전히 세척하기 힘들다.

- 컵–타입 코어 플러그cap-type core plug 를 제거하려면, 안으로 밀어 넣은 다음 플라이어plier 를 이용하여 꺼낸다.

- 플랫 타입flat type 플러그는 플러그 중심 근처에 드릴을 뚫고 슬라이드 해머slide hammer 를 삽입한 다음 플러그를 제거한다.

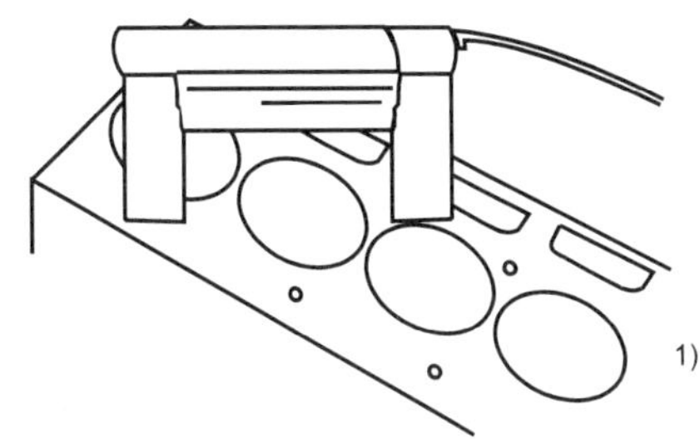

MPI testing passes a magnetic field
through the iron item being checked

1)

3. 나사산thread 수리

— Inspect and repair damaged threads where allowed ; install core and gallery plugs.

- 나사산이 마모되거나 파손되었다면 헬리 코일을 이용한다. 먼저 손상된 나사산에 탭을 사용하여 태핑tapping 을 하고 여기에 헬리 코일을 삽입한다. 여기서 Heli-coil은 상표명이다.

---

1) 주철 실린더 블록에 형성되는 자기장을 MPI 테스터 장비가 지나간다.

4. 실린더 벽 ^{wall}

ㅡ Inspect and measure cylinder walls; remove cylinder wall ridges; hone and clean cylinder walls; determine need for further action.

(1) 실린더 벽 검사

- 실린더 벽에 긁힘 흔적이나 심한 마모의 흔적이 검사한다. 오염된 오일에 있는 미세한 이물질 dirt 에 의해서 피스톤링과 실린더 벽의 마모는 가속화 된다.
- 실린더 벽의 오일 막 oil film 이 파괴되면 실린더 벽의 손상 scuffing, scoring 은 더욱 심해진다.

(2) 실린더 벽 진원도, 테이퍼 검사

- 실린더 내경을 다이얼보어 게이지 dial bore gauge 또는 텔레스코프 게이지 telescoping gauge 를 사용하여 측정한다.
- 실린더 진원도 out of roundness 는 그림에서 A의 내경와 B의 내경의 차이이다.

  실린더 진원도 = A의 내경 ㅡ B의 내경

- 전형적인 실린더 진원도 규격은 최댓값 0.0015inch 0.0381mm 이다. 0.0015inch 이상은 실린더 보링작업을 해야 한다.
- 실린더 진원도 측정은 리지 ridge 바로 밑 부분, 즉 실린더 상부에서 측정한다.

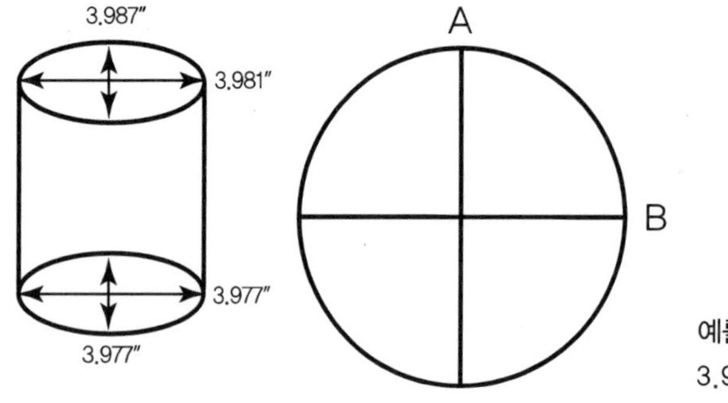

- 실린더 테이퍼는 그림에서 A의 실린더 내경과 B의 실린더 내경의 편차이다.

- 전형적인 실린더 테이퍼 규격은 최대 0.006inch이다.

- 진원도와 테이퍼가 양호하다면 보링 boring 을 할 필요는 없다.

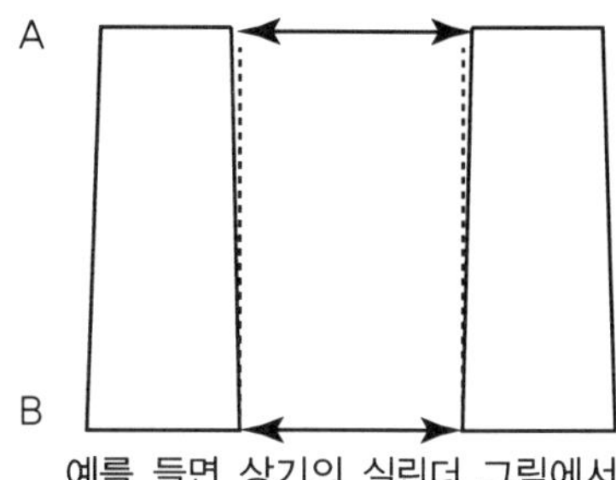

예를 들면 상기의 실린더 그림에서
A의 실린더 내경 3.987inch – B의 실린더 내경 3.977inch = 테이퍼 0.010inch이다.

(3) 실린더 벽 리지 ridge 제거

- 리지 리머 ridge reamer 로 실린더 상부의 리지를 제거한다. 리지 리머는 시계방향 clock-wise 로 조심해서 회전시키다. 실린더 상부에 찍힌 자국 indentation 이 보어 bore 에 남기지 않도록 너무 깊게 깎으면 안 된다.

- 만약 리지를 제거하지 않고, 피스톤을 실린더에서 빼낼 때 피스톤 링 랜드 ring land 가 파손될 수 있다.

- 리지 작업을 한 후에도 실린더 내부의 이물질을 오일 걸레 oil rag 로 닦아 낸다.

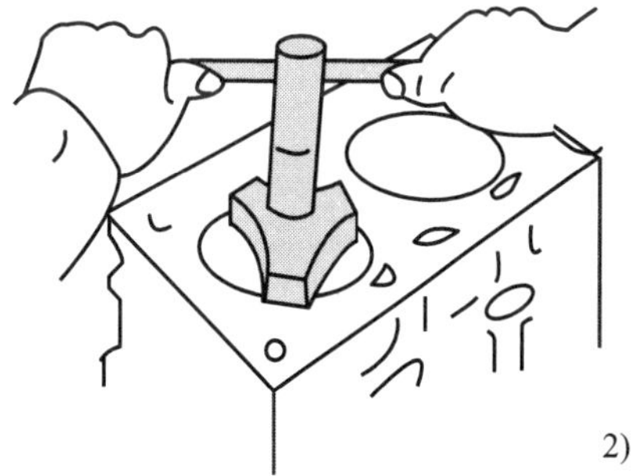

---

2) 리지 리더를 사용하여 실린더 상부에 있는 리지와 탄소물을 제거한다.

(4) 실린더 벽 보어

- 크로스 해치 crosshatch 는 수백만 개의 아주 작은 다이아몬드 모양의 형상을 하고 있으며, 엔진 오일 저장소라 할 수 있다. 얇은 막의 오일이 이 크로스 해치에 머물면서 피스톤 링의 움직임에 기여한다.

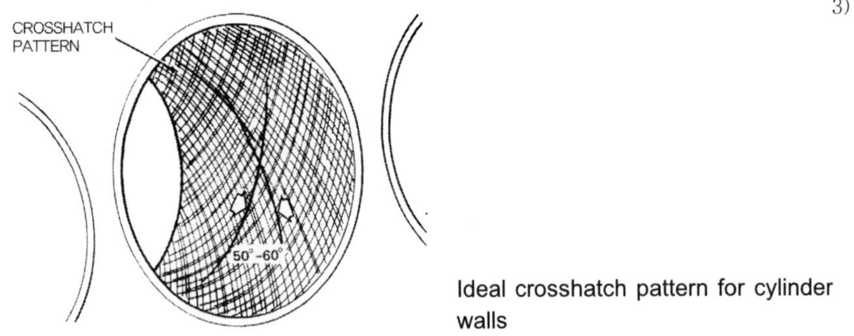

3)

Ideal crosshatch pattern for cylinder walls

- 크로스 해치 각도가 지나치게 가파르면 오일 막이 지나치게 얇게 될 것이고 그 결과 피스톤 링과 실린더 벽이 긁힘 scuffing 현상이 발생할 것이다.
- 만약 크로스 해치 각도가 지나치게 넓으면, 오일 막이 두터워져 오일 소모가 심해질 것이다.

(5) 실린더 디글레이즈 deglazed

- 실린더 벽의 표면상태, 진원도, 테이퍼 등이 양호해도 실린더 벽의 디글레이즈는 해야 한다.
- 연소 열, 엔진 오일, 피스톤 움직임 등이 결합되어 실린더 벽에 얇은 잔여 흔적물 residue 이 있는데 이것을 글레이즈 glazed 라 한다.
- 글레이즈한 실린더 벽은 피스톤 링을 실린더 벽에 미끄러지게 해 실링의 효율을 저하시킨다.
- 예시하면 220~280grit 스톤 같은 미세한 호닝 스톤으로 글레이즈를 제거할 수 있다.
- 대부분은 볼 호닝을 사용하여 글레이즈를 제거한다.

---

3) 실린더 벽에서 이상적인 크로스해치 패턴

(6) 실린더 보링 boring

- 실린더의 벽이 심하게 마모되었거나 진원도/테이퍼 불량이 판정되면 보링을 하여 실린더를 가공한다.
- 보링 작업 후에는 실린더 벽이 매우 거칠기 때문에 반드시 호닝을 해 주어야 한다.

(7) 실린더 호닝 horning

- 호닝 스톤은 보통 그릿 사이즈로 분류하며, 그릿 grit 번호가 작을수록, 돌 stone 이 거칠다 coarse.
- 실린더의 마모, 진원도, 테이퍼가 규격 내에 있다면, 220~280grit stone으로 디글레이즈를 할 수 있다.
- 기계가 아닌 수작업으로 할 경우에는 저속 드릴 예를 들면 200~450rpm 에 호닝 스톤을 장착한다. 호닝스톤 크기는 실린더 내경에 적당해야 한다.
- 드릴을 작동시켜 호닝스톤을 실린더 상하로 움직이는데 한 곳에 너무 오랫동안 머물지 않는다.
- 호닝 작업을 하는 도중에 실린더 벽에 오일을 도포한다. 때때로 작업을 멈추고 호닝 스톤을 청소해 주면 좋다.
- 모든 작업을 마치면 뜨거운 비눗물 hot soapy water 로 세척해 주고, 보푸라기가 없는 천 free lint cloth 으로 깨끗이 닦은 다음 철저히 건조시킨다.
- 부식을 방지하기 위해서 깨끗한 오일로 도포한다.
- 실린더 보링은 보통 호닝처리와 같이 한다. 호닝이 완료되면 실린더는 60도의 cross-hatch pattern을 가져야 한다.
- 실린더 벽의 스크래치, 긁힘, 마모 등은 보링을 통해 제거한다. 보링 후에 오버사이즈 피스톤 이 장착하여야 한다.
- 보링의 한계허용값은 보통 0.03"~0.06"이다. 오버 보링을 초과하면, 실린더 벽은 지나치게 얇아져서 엔진의 연소열이나 압력에 의해 균열이 발생하거나 비틀림 변형이 발생할 수 있으므로 조심해야 한다.

- 오버사이즈 피스톤이나 피스톤링이 실린더 보링 작업 후에 커진 실린더 내경에 맞추어 오버사이즈 피스톤이나 피스톤 링을 사용해야 한다.

5. 크랭크샤프트 엔드 플레이, 진직도, 저널 등 검사

— Inspect crankshaft for end play, straightness, journal damage, keyway damage, thrust flange and sealing surface condition, and visual surface cracks; check oil passage condition; measure journal wear; check crankshaft sensor reluctor ring (where applicable); determine necessary action.

(1) crankshaft for end play

- 크랭크샤프트 점검항목은 엔드플레이 end play, 직직도 straightness, 저널 journal 마모 손상 이다.
- 스러스트 베어링 thrust bearing 이 마모되면 크랭크샤프트의 과다한 엔드플레이가 유발될 것이다.
- 다이얼 인디케이터 dial indicator 를 크랭크샤프트 노즈 nose 에 위치시켜 놓고 드라이버 driver 를 사용하여 크랭크샤프트 전후 forward, backward 로 움직인다. 다이얼 인디케이터 의 눈금 움직임이 크랭크샤프트 엔드플레이를 의미한다.
- 전형적인 엔드 플레이 규격은 0.002~0.012inch 0.02~0.3mm 이다.

[4]

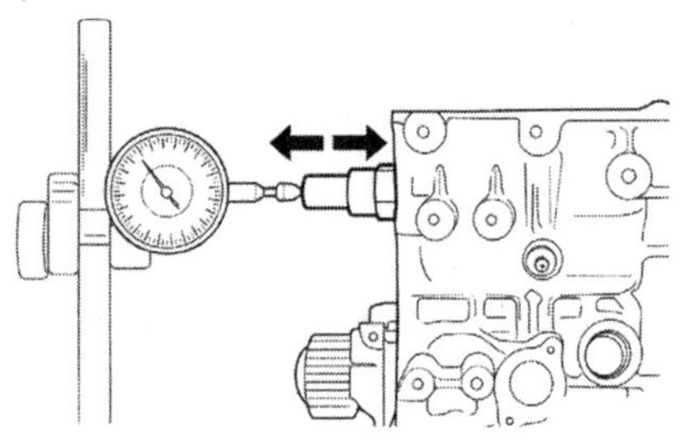

Crankshaft endplay can be checked
with a pry bar and dial indicator

---

4) 프라이 바와 다이얼 인디케이터를 사용하여 크랭크샤프트 엔드플레이를 측정할 수 있다.

(2) 크랭크샤프트 진직도 검사

- 크랭크샤프트를 V블록에 올려놓고 다이얼 인디케이터를 메인 베어링 저널에 위치시킨다.
- 다이얼 인디케이터를 제로 세팅 zero setting 한 다음, 크랭크샤프트를 천천히 360도 회전시킨다.
- 다이얼 인디케이터의 **TIR** total indicator reading 의 반 50% 이 진직도이다.

(3) 크랭크샤프트 저널 journal

- 크랭크샤프트의 저널 상태가 약간 불량하면 매우 미세한 연마 페이퍼 예, crocus paper 또는 emory cloth 를 사용하여 저널에 있는 미세한 흠집 등을 제거할 수 있다.

(4) 베어링 파손 불량

- **크랭크샤프트 베어링 표면** : 베어링의 벗겨짐, 녹음, 고착, 접촉면 점검하고 불량 시 교환한다.

(5) 베어링 고장 유형

- **피로** fatigue **에 의한 파손** : 과다한 하중이 베어링에 지나치게 반복되면 피로에 의한 베어링 파손이 발생한다. 베어링은 균열하기 시작하며 조각이 떨어져 나온다. 타이밍이 너무 빠르거나 advanced timing, 데토네이션 detonation 이 심하면 피로에 의한 베어링 파손이 발생한다.

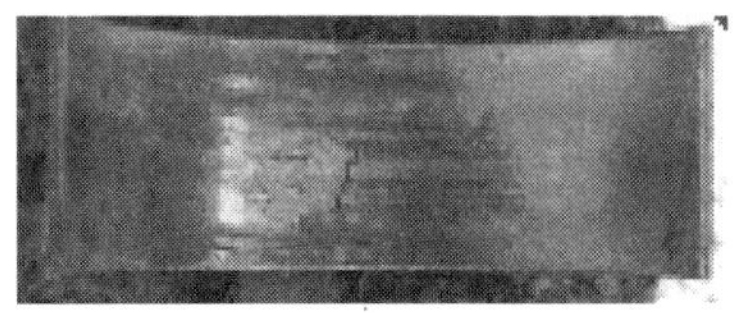

- **심한 변형** wiped **베어링** : 베어링 표면에 얼룩, 스크래치, 긁힘 흔적이 있다. 대개 열에 의한 변색흔적도 있다. 발생원인은 오일 통로 막힘, 오일펌프 고장, 오일 홀 막힘, 베어링에 편하중이 걸리거나, 베어링 간극 부족, 얼라이먼트 불량 등이다.

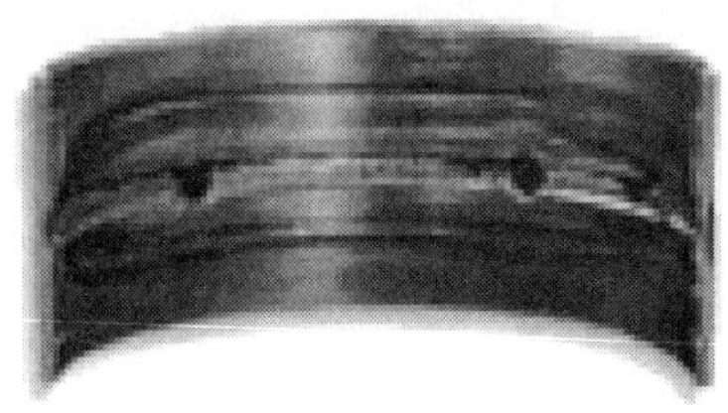

- **긁힘** Scoring **에 의한 파손** : 베어링 표면이 깊게 스크래치가 있고 마모 흔적도 있다. 지나친 이물질에 의한 오염, 크랭크샤프트 표면처리가 불량인 경우, 오일이 부족한 경우 등이다.

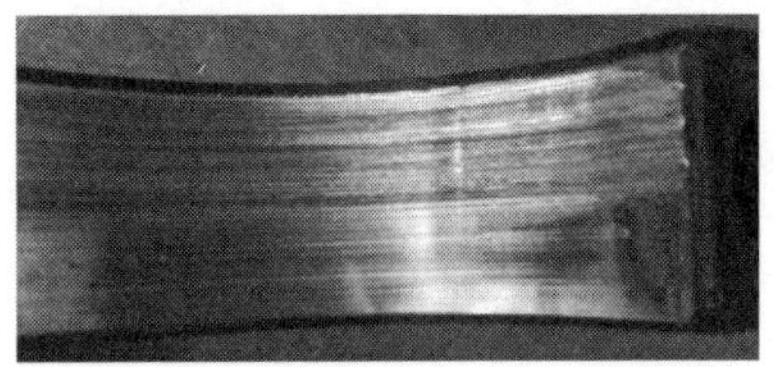

(6) **크랭크샤프트 센서** crank shaft sensor, **릴럭터 링** reluctor ring

- 크랭크샤프트가 회전하면 릴럭터 링 = timing disc = pulse ring 도 함께 회전한다. 리덕터 링의 이빨 tooth 또는 노치 notch 가 크랭크 포지션 센서와 정렬 align 할 때 전압 펄스 voltage pulse 가 발생하며 컴퓨터로 신호 signal 를 보낸다.
- 컴퓨터는 이 신호를 이용해 크랭크샤프트의 회전속도와 위치를 파악하고 점화시기를 조정한다.
- 크랭크샤프트 센서 릴럭터 링 crank shaft sensor reluctor ring 의 마모, 부식, 균열이 있는지 검사한다.

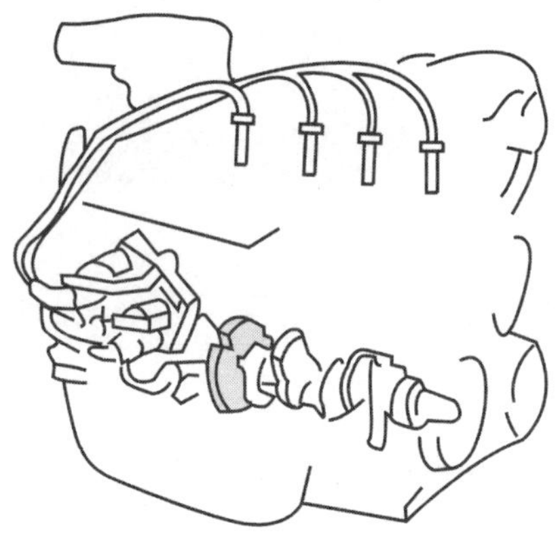

Crankshaft timing disc(Reluctor)

Magnetic crankshaft sensor. Notches in the rotating crankshaft timing disc produce voltage pulses or signals, which indicate crankshaft speed and position

5)

6. 메인 베어링 보어 및 얼라이먼트

― Inspect and measure main bearing bores and cap alignment and fit.

- 만약 실린더 블록이 변형 warp 되고 메인 베어링 보어의 정렬 alignment 도 틀어지면 크랭크샤프트는 메인 베어링에 편하중을 가해 베어링의 파손을 유발시킨다.

- 심한 경우 메인 베어링 보어의 정렬이 불량하면 misalignment 크랭크샤프트가 고착될 수 있다.

- 메인 베어링 보어의 얼라이먼트 검사는 직선자와 필러게이지 feeler gauge 를 사용한다. 직각자를 베어링 보어에 올려놓고 최대 오일 간극의 반 half 의 필러게이지를 선택하여 직각자 밑에 넣어 움직여 본다. 만약 움직인다면 보어 얼라이먼트가 불량한 것이다.

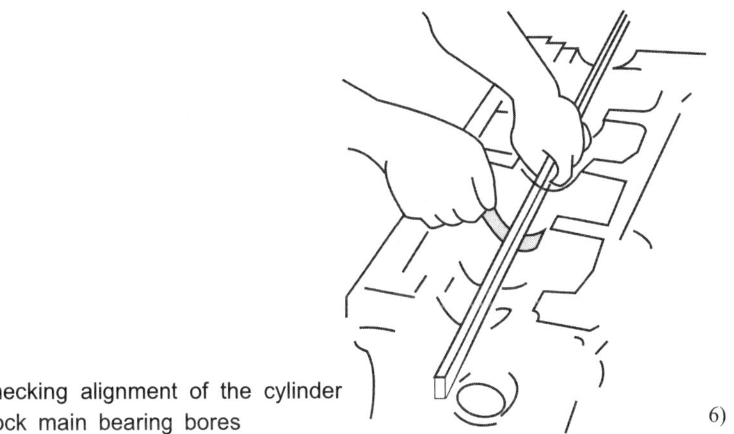

Checking alignment of the cylinder
block main bearing bores

6)

- 베어링 보어의 진원도 측정은 메인 베어링 캡을 조립장착하고 다이얼 보어 게이지를 사용하여 측정할 수 있다.

- 메인 베어링 보어 진원도 전형적인 규격은 최대 0.001inch이다.

- 베어링 캡의 버 burr 나 찍힘 불량 nick 을 검사한다. 미세한 버는 줄로 제거할 수 있다.

- 보어 얼라이먼트 bore alignment 가 적합하지 않으면 라인 - 보링 Line boring 을 한다.

---

5) 전자석 크랭크샤프트 센서. 크랭크샤프트 타이밍 디스크에 있는 노치가 전압신호를 생성하며, 이 신호가 크랭크샤프트 속도와 위치를 알려준다.

6) 실린더 블록 메인 베어링 보어의 얼라이먼트(정렬) 측정

7. 메인 베어링 및 크랭크샤프트, 베어링 간극과 엔드 플레이

— Install main bearings and crankshaft ; check bearing clearances and end play; replace / retorque bolts according to manufacturers' procedures.

(1) 메인 베어링 간극

- 베어링 간극은 크랭크샤프트 저널과 베어링 사이의 간극이다. 베어링 간극이 크면 오일 압력 저하가 발생하고, 반대로 간극이 작으면 베어링 마멸, 고착 등이 발생한다.
- 플라스틱 게이지를 사용하여 베어링 간극을 검사한다.
- 먼저 크랭크샤프트 저널과 베어링을 깨끗이 닦아내고 플라스틱 게이지를 베어링 폭 만큼 잘라 베어링 위에 축 방향으로 얹는다.

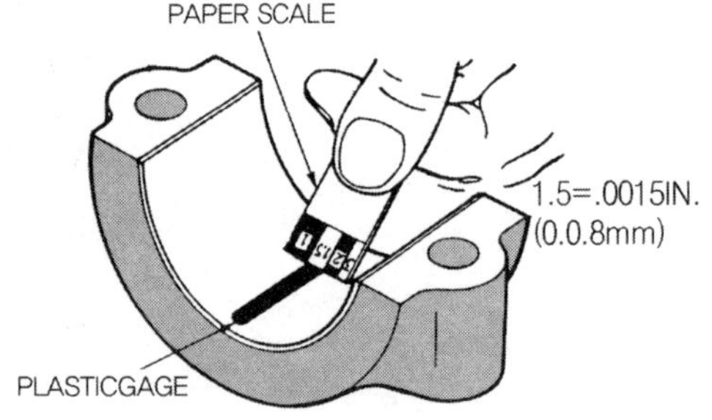

Checking bearing clearance with plasticgage.

Measuring the amount of flattening (or bearing clearance) with the scale on the Plasticgage package   7)

- 베어링 캡을 규정토크로 조인다. 베어링 캡을 풀고 플라스틱 게이지의 가장 넓은 폭을 측정한다.
- 간극이 정비한계를 초과하면 베어링을 교환하거나 언더사이즈 베어링을 사용해야 한다.

(2) 엔드플레이 측정

- 크랭크샤프트 엔드 플레이는 크랭트샤프트의 축방향 움직임을 말한다.
- 엔드 플레이가 크면 실린더, 피스톤, 커넥터 로드 베어링의 편마모가 일어나고 노이즈와

---

7) 플라스틱 게이지를 가지고 베어링 간극을 측정함. 플라스틱 게이지 포장에 있는 눈금을 가지고 평평하게 퍼진 플라스틱 게이지의 폭을 측정한다. 이 폭은 베어링 간극을 암시한다.

비틀림 하중이 발생하여 엔진성능의 저하를 초래한다.

- 반대로 엔드플레이가 작을 때에는 스러스트 베어링의 고착, 마멸이 발생하고 기계적 손실이 증가한다.

- **엔드플레이 측정** : 크랭크샤프트, 베어링을 실린더 블록에 조립하고, 규정토크로 베어링 캡 볼트를 조인다. 필러게이지를 스러스트 베어링과 크랭크샤프트 사이에 넣어 측정한다.

- 한편 다이얼 게이지를 크랭크샤프트 끝단에 설치하고 드라이버 Driver 로 크랭크샤프트 를 밀어 다이얼 게이지 dial gauge 의 눈금을 측정한다.

8. 캠샤프트 베어링

― Inspect camshaft bearings for excessive wear and alignment; install camshaft, timing chain and gears; check end play.

(1) 캠샤프트 베어링

- 캠샤프트가 실린더 블록 안에 장착되는 있는 엔진 camshaft in-block engine 에서는 리프터 lifter, 푸시로드 push rod, 로커 암 rocker arm 을 통해서 밸브가 개폐된다.
  반면에 OHC 엔진은 푸시로드기 필요 없다.

- 캠샤프트 인 – 블록 엔진 camshaft in-block engine 에서 캠샤프트 베어링 간극을 측정은 베어 링 내경을 텔레스코핑 게이지 telescoping gauge 를 이용하여 측정하고, 캠샤프트 저널은 마이크로미터로 측정한다. 캠 베어링 간극은 베어링 직경과 저널 직경 사이의 편차이다.

- 반면에 OHC 엔진에서 캠샤프트 베어링 간극측정은 플라스틱 게이지를 사용하여 측정 할 수 있다. 방법은 크랭크샤프트 메인 베어링 측정 방법과 같다.

- 캠샤프트 베어링의 긁힘 scoring, 거칠기 roughness, 마모 wear 등을 확인한다.

- 캠 베어링을 장착할 때 가장 중요한 것은 베어링의 오일 홀 oil hole 을 베어링 보어 오일 통로에 일치시키는 것이다.

(2) 타이밍 체인 및 기어

기어 드라이브 gear drive

- 크랭크샤프트 기어와 캠샤프트 기어가 직접 맞물려 있다. 주로 헬리컬 기어 helical gear 를 적용하는데, 이유는 헬리컬 기어가 다른 기어에 비해 저노이즈면서 동력전달이 더 용이하기 때문이다.
- 엔진 작동 시 캠샤프트를 뒤로 미는 backward 경향이 있으므로 캠샤프트가 실린더 블록 밖으로 나오는 것을 방지하는 효과도 있다.

(3) 체인 드라이브 chain drive

- 캠샤프트 스프로킷 sprocket 과 크랭크샤프트 스프로킷이 스틸 steel 로 만든 체인으로 연결되어 있다. 거의 모든 OHV 엔진은 체인 드라이브 방식을 사용하며, OHC 엔진에서도 많이 사용하는 추세이다.
- 체인 노이즈 chain noise 를 감소시키기 위해서 사일런스 패드 silence pad 가 장착된다.

(4) 캠샤프트 엔드 플레이

- 다이얼 인디케이터를 장착한 다음 캠샤프트를 전후 back and forth 로 움직여 캠샤프트 엔드 플레이를 측정한다. 만약 규격을 초과하면 실린더 헤드를 교체할 수도 있다.

9. 보조 샤프트 밸런스, 카운터밸런스 counterbalance, 사일런서 silencer

— Inspect auxiliary shaft(s) (balance, intermediate, idler, counterbalance, or silencer), drive(s), and support bearings for damage and wear; determine necessary action.

- 엔진 작동의 부드럽게 하기 위해 밸런스 샤프트 balance shaft 를 장착한다.
- 밸런스 샤프트에는 카운터 웨이터 counter weight 가 장착되어 있고 크랭크샤프트와 반대로 회전하여 크랭크샤프트의 진동 vibration 을 상쇄시켜 준다.

- 어떤 밸런스 샤프트는 크랭크샤프트 회전 속도와 같은 속도로 회전한다. 반면에 어떤 밸런스 샤프트는 2배의 속도로 회전한다.
- 일단 밸런스 샤프트를 엔진으로부터 분해했으면 진원도, 테이퍼 등을 측정한다. 방법은 크랭크샤프트 방식과 동일하다.

10. 피스톤 및 피스톤 핀, 피스톤 및 베어링 마모 패턴

— Inspect, measure, service, or replace pistons and piston pins; identify piston and bearing wear patterns that indicate connecting rod alignment problems; determine necessary action.

(1) **피스톤** piston

- 피스톤의 재질은 알루미늄이므로 쉽게 마모나 파손될 수 있다. 피스톤 스커트 piston skirt 균열, 링 그루브 ring groove 마모, 링 랜드 ring lands 마모, 핀 보어 pin bores 마모 등을 검사한다.
- 피스톤에 오버히트 overheat 에 의한 균열이나 파손이 있는지 검사한다. 만약 발견되면 교환한다.
- 피스톤 스커트의 편마모 uneven wear 나 긁힘을 검사한다.
- 피스톤 스커트 가장자리가 마모됐다면 커넥팅 로드의 변형 bent or twisted 에 의해 발생할 수 있다.
- 피스톤의 외경은 스커트에서 피스톤 핀의 90도 방향에서 마이크로미터로 측정한다. 만약 피스톤이 규격을 초과하면 교체한다.

(2) **피스톤 핀** piston pin

- 피스톤 핀이 피스톤이나 커넥팅 로드에서 느슨하다면 엔진 작동 시 더블 노크 노이즈가 발생한다. 전형적인 피스톤 핀 간극은 0.0005~0.0007inch이다.

(3) 피스톤 링 사이드 간극 side clearance **측정**

- 피스톤 링 사이드 간극 측정은 먼저 피스톤 그루브 piston groove 에 링 new ring 을 넣고 압축 링 compression ring 과 그루브 groove 사이에 필러게이지를 넣는다. 전형적인 규격은 0.001~ 0.002inch이다.
- 만약 간극이 크다면 링 그루브의 마모를 의미한다. 이런 경우 압축 링이 실린더 벽에 적당하게 접촉하지 못하고 그 결과 오일 소모도 심해진다.

(4) 피스톤-실린더 벽 간극

- 피스톤 링 엔드 갭 측정은 피스톤을 거꾸로 넣어 스커트부의 스러스트 방향과 실린더 벽 사이의 간극으로 측정한다.
- 피스톤-실린더 벽 간극 측정은 직접 실린더 내경과 피스톤 외경을 측정하여 구할 수 있다.
- 다른 방법으로 긴 필러 게이지 long feeler gauge 를 피스톤 스커트 piston skirt 에 삽입하고, 게이지와 피스톤은 실린더에 밀어 넣는다. 스프링 스케일 spring scale 을 사용하여 필러게이지를 잡아당긴다. 만약 스프링 스케일 값이 규격에 부합하면, 필러 게이지 크기가 피스톤 간극이다. 피스톤 간극은 약 0.001이다.

(5) 피스톤 엔드 갭 측정

- 피스톤 링 갭 ring gap 너무 작다면, 엔진 열과 팽창에 따라 링은 고착되거나 실린더 벽을 긁을 것이다. 만약 링 갭이 너무 크면, 실린더 벽에 피스톤 링 텐션 piston ring tension 이 작아 블로바이 가스 blowby gas 가 과다해진다.

(6) 커넥팅 로드 베어링 마모 패턴

- 커넥팅 로드 베어링의 마모상태를 검사한다. 만약 베어링의 양끝 단에 마모가 있다면 중앙이 아니고, 커넥팅 로드 connecting rod 는 굽혀지거나 비틀려 졌을 것이다.
- 만약 베어링의 분할선 부분에서 더 많이 마모되었다면 커넥팅 로드의 빅 엔드 big end

의 변형 stretched 때문이다.

11. 커넥팅 로드 connecting rod 검사

— Inspect connecting rods for damage, bore condition, and pin fit; determine necessary action.

(1) 커넥팅 로드

- 커넥팅 로드의 균열이나 파손, 편마모 등을 검사하고, 커넥팅 로드의 굽힘과 비틀림을 측정할 때, 커넥팅로드 전용 측정기를 사용하여 측정한다.
- 일부 커넥팅 로드는 스몰 엔드 small end 에 부싱을 갖는다. 부싱 bushing 에 있는 오일 홀 oil hole 은 반드시 커넥팅 로드에 있는 오일 홀과 정렬 aligned 되어야 한다. 좀 더 세밀한 간극을 얻기 위해 부싱을 호닝할 수도 있다.

12. 피스톤 링, 피스톤 – 커넥팅 로드, 베어링 간극, 사이드 간극

— Inspect, measure, and install or replace piston rings; assemble piston and connecting rod; install piston/rod assembly; check (connecting rod) bearing clearance and sideplay; replace / retorque fasteners according to manufacturers' procedures.

(1) 피스톤 링 엔드 갭 piston ring end gap 측정

- 피스톤 링을 실린더에 넣고 피스톤을 거꾸로 스커트 skirt 부까지 밀어 넣어 피스톤 링이 하사점 BDC, bottom dead center 근처에서 수평이 되게 하고 필러게이지 feeler gauge 로 측정한다.
- 만약 엔드 갭 end gap 이 작으면, 링 엔드 ring end 를 줄로 손질하며, 엔드 갭이 클 경우 피스톤링을 잘못 선택했거나 실린더 보링 boring / 호닝 horning 이 잘못 가공된 것이다.
- 링의 엔드 갭이 크면 과다한 블로바이 가스로 인하여 윤활막 oil film 이 파손되어 긁힘

scoring 파손이 발생할 수 있고 엔진오일 소비도 과다할 것이다.

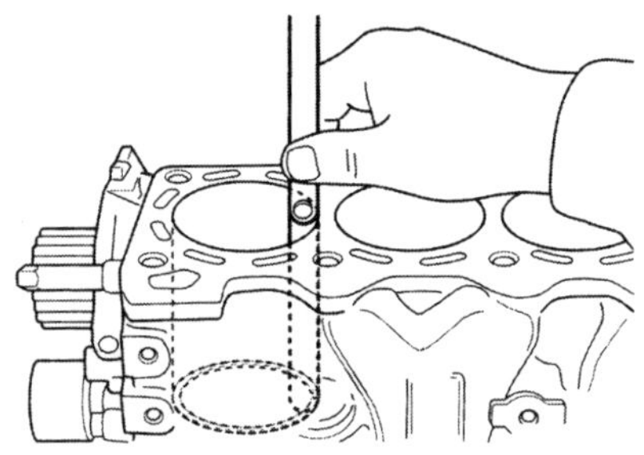

Checking ring gap at the lower position in the cylinder.　　　8)

(2) 피스톤 링 사이드 간극

- 새 피스톤링을 피스톤 그루브 piston groove 에 장착하고 필러게이지로 그 간극을 측정한다. 만약 간극이 과다하면 피스톤 그루브가 마모된 것이다. 피스톤을 교체한다. 반대로 링이 타이트 함이 느껴진다면 피스톤 그루브 안에 버 burr 나 이물질 deposits 이 있는지 확인한다. 전형적인 사이드 간극은 0.001~0.002inch이다.

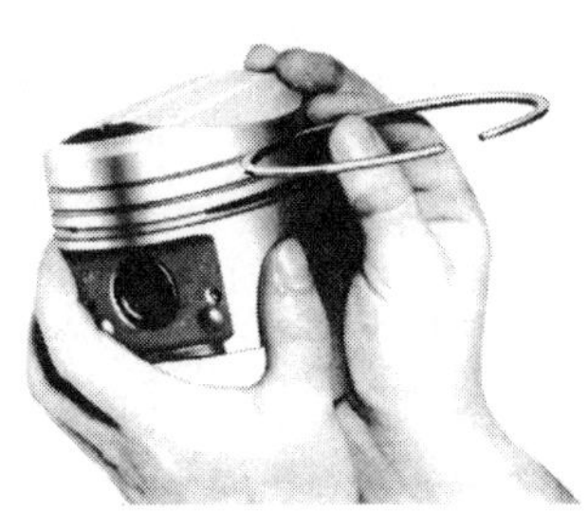

Inspect fit of a new piston ring in its ring groove　　　9)

13. 크랭크샤프트 바이브레이션 댐퍼

— Inspect, reinstall, or replace crankshaft vibration damper (harmonic balancer).

- 바이브레이션 댐퍼 vibration damper 의 목적은 크랭크샤프트의 진동을 감소시키는 것이다.

---

8) 실린더 내경에서 피스톤 하사점 위치에서 링 갭을 검사한다.
9) 새 피스톤 링이 피스톤 링 그루브에 잘 맞는지 검사한다.

- 바이브레이션 댐퍼의 허브 hub 와 이너시아 링 inertia ring 사이에 있는 고무 rubber 의 균열, 부풀림, 오염 등이 있는지 검사한다.
- 바이브레이션 댐퍼 허브의 실 접촉부에 긁힘 불량이 있는지 검사한다.

14. 크랭크샤프트 및 플라이휠, 크랭크샤프트 파일럿 베어링/부싱, 플라이휠 런아웃

— Inspect crankshaft flange and flywheel mating surfaces; inspect and replace crankshaft pilot bearing / bushing (if applicable); inspect flywheel / flexplate for cracks and wear (includes flywheel ring gear); measure flywheel runout.

- 크랭크샤프트 플랜지 crankshaft flange 와 플라이휠 fly wheel – 크랭크샤프트 crankshaft 접촉부에 버 burr 가 있는지 검사하고, 만약 발견하면 미세 에머리페이퍼 fine emery paper 로 제거한다.
- 플라이휠과 클러치 디스크 clutch disc 접촉면의 손상과 마모를 점검하여 긁힘, 균열, 손상과 마모가 지나치면 교환한다.
- 플라이휠과 클러치 디스크 접촉면의 런아웃 Run out 을 점검한다.
- 플라이휠의 런아웃이 크면 클러치 차단작용이 불량해 질 수 있다. 플라이휠을 크랭크샤프트에 장착하고 볼트를 규정토크로 조인다.
- 다이얼게이지 스핀들 spindle 을 플라이휠 표면에 직각으로 놓고 크랭크샤프트를 1회전 시키면서 다이얼 게이지의 눈금을 읽는다.
- 링기어의 손상, 균열을 점검하여, 필요시 교환한다.
- 인너 파일럿 베어링 레이스에 손가락 넣어 레이스를 회전시킨다. 회전 시 베어링에서 거칠거나 느슨함 이 느껴진다면 교환한다.

15. 오일 팬 및 오일 팬 커버

— Inspect and replace pans and covers.

- 오일 팬의 플랜지 flange 에 비틀림 변형이 있는지 직선자를 이용하여 확인한다. 특히 볼트구멍 주변의 플랜지를 주의 깊게 검사한다.
- 사소한 뒤틀림 변형은 해머와 나무블록으로 수정한다.

16. 개스킷, 실러 그리고 실런트, 스레드 실러

― Assemble the engine using gaskets, seals, and formed-in-place (tube-applied) sealants, thread sealers, etc. according to manufacturersí specifications.

- 크랭크샤프트 오일 실의 노후화되어 누유가 발생하면 클러치 디스크 clutch disc 가 오염되어 클러치 채터링 clutch chattering10) 떨림 현상이 발생할 수 있다.
- 개스킷은 기밀작용을 주로 하나, 두 접촉면 사이에 발생하는 작은 진동도 흡수하는 기능을 한다.
- 실린더 헤드 개스킷을 교환 장착할 때 상하좌우의 방향성을 확인하여 냉각수 통로, 윤활유 통로 막힘 불량이 없도록 주의한다.
- 오일 팬 oil pan 과 로커암 커버 rocker arm cover 에 사용하는 개스킷 대신에 RTV room tem-perature vulcanizing 실러 sealer 를 사용할 수도 있다, RTV는 대기에 있는 수분을 흡수함으로서 서서히 굳어간다. RTV를 사용하기 전에 접촉면에 있는 스크래퍼 scrapper 를 사용하여 이물질을 깨끗이 제거하고, 슬러지 등은 솔벤트 solvent 로 세척 후 물로 세척한 후 건조시킨다.
- RTV의 직경비드 bead 는 1/8inch로 실링하려는 표면의 중앙에 바른다. 이 비드는 홀 구멍을 막으면 안 된다.
- 보통 5분이 경과되면 RTV는 경화하기 curing 시작되므로, 그 전에 부품을 접합한다.
- 혐기성 실러 anaerobic sealer 는 두 접착 면 사이에 공기 없이 경화되는 실러이다 예, Locktite.

---

10) **Clutch chattering** : 클러치 디스크가 엔진오일 등에 의해 오염되어, 클러치 접속 시 발생하는 불량 현상(클러치 페달 떨림 현상 또는 클러치가 너무 예민하게 반응함 등)

True or False Review Questions

01. 전자석 균열 검사기 electromagnetic crack detector 로 주철 및 알루미늄 실린더 헤드 균열을 탐지할 수 있다.

> False 전자석 균열 검사기로 알루미늄 실린더 헤드 균열을 탐지할 수 없다. 알루미늄 헤드는 형광물질을 사용해 탐지한다.

02. 실린더 블록의 덱의 평면도 flatness 는 최대 0.01inch를 넘으면 안 된다.

> False 최대 0.006inch이다.

03. 평면도 불량의 실린더 블록을 수정없이 그대로 사용할 경우, 밸브 시트 변형이 발생할 수 있다.

> True 밸브 시트 변형뿐만 아니라 냉각수나 블로 바이 가스 누설이 발생할 수 있다.

04. 실린더 벽의 테이퍼는 0.006inch 0.1524mm 를 넘으면 안 된다.

> True 테이퍼는 실린더 벽의 상중하 3곳을 측정한다.

05. 전형적인 실린더 내경 진원도는 0.0015inch 0.581mm 이다.

> True 내경 진원도는 0.0015inch 이다.

06. 실린더 내경 진원도 측정은 텔레스코핑 게이지 또는 다이어 보어 게이지를 사용한다.

> True 실린더 내경 진원도은 텔레스코핑 게이지 또는 다이어 보어 게이지를 사용하여 측정한다.

07. 실린더 벽의 이상적인 크로스해치 crosshatch 패턴은 20~40도이다.

> False 전형적인 크로스해치는 40~60도이다. 크로스해치가 불량하면 오일소모가 심해질 수 있다.

08. 글레이즈 glazed 실린더 벽은 피스톤 링의 실링 효과를 방해한다.

> True 글레이즈된 실린더 벽은 피스톤 링을 슬립 slip 시켜 실링효과를 저하시킬 수 있다.

09. 보링을 한 후에는 호닝 honing 을 생략하면 윤활작용이 불량하거나 심한 블로바이가 발생할 수 있다.

> True 보링 후에는 반드시 호닝까지 해 주어야 한다.

10. 밸런스 샤프트는 크랭크샤프트와 같은 방향으로 회전한다.

> False 밸런스 샤프트는 크랭크샤프트와 반대 방향으로 회전한다.

11. 전형적인 크랭크샤프트 메인 베어링 간극은 0.0015~0.002 inch이다.

> **True** 메인 베어링 간극은 플라스틱 게이지를 사용하여 측정한다.

12. 바이브레이션 댐퍼는 플라이휠의 진동을 감소시켜 준다.

> **False** 바이브레이션 댐퍼는 크랭크샤프트 진동을 감소시켜준다.

13. 크랭크샤프트 진직도 검사는 다이얼 인디케이터의 전체 바늘 움직임량 total indicator reading 의 50%이다.

> **True** 다이얼 인디케이터 TIR의 1/2이다. 예를 들면 다이얼 인디케이터의 지침바늘이 0.012inch라면 크랭크샤프트 진직도는 0.006 inch이다.

14. 플라이휠의 런아웃이 불량이면 진동, 클러치 작용불량, 클러치 슬립 등의 원인이 된다.

> **True** 플라이휠의 전형적인 런-아웃 규격은 0.002~4inch이고, 규격값이 초과하면 진동과 클러치 작용불량 등이 발생할 수 있다.

15. 베어링 스프레드는 조립과정에서 베어링을 고정시켜주는 기능을 한다.

> **True** 베어링 스프레드는 베어링의 움직임을 고정시켜 준다.

16. 베어링 크러쉬는 베어링이 보어 bore 에 좀더 밀착시켜 주는 기능을 한다.

> **True** 베어링 크래시는 베어링 체결 시 보어에 좀 더 밀착시켜 열전달도 양호하게 하며, 약간이 보어 비틀림도 보상해 준다.

17. 상기의 베어링의 상태는 이물질에 의한 훼손 dirt embedment이다.

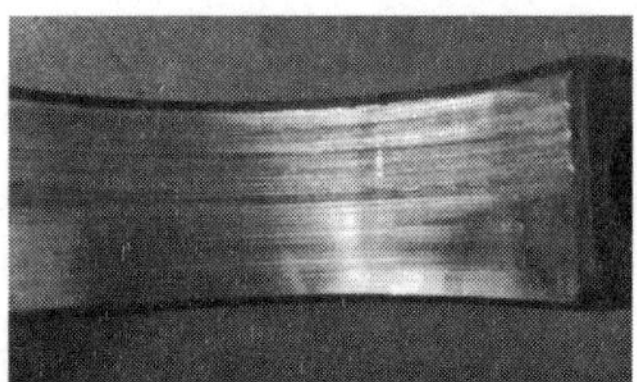

> **False** 상기 베어링 사진은 오일 부족에 의한 긁힘 현상이다.

18. 크랭크샤프트 엔드플레이 간극이 크면 노킹 노이즈가 발생할 수 있다.

> **True** 스러스트 베어링 간극이 크면 엔드플레이가 크다. 이것은 노킹 노이즈를 유발시킬 수 있다.

19. 피스톤 간극은 피스톤 스커트와 실린더 벽 사이에서 측정한다.

> **True** 피스톤 간극은 피스톤 스커트와 실린더 벽 사이에 필러게이지를 넣어 측정한다.

ASE Style Question

01. Which of these would be the LEAST likely to happen when bolting an OHC cylinder head on to a block with a warped deck surface?

(A) premature cam bearing wear

(B) distorted valve seats

(C) main bearing failure

(D) coolant leakage into the combustion chambers

번역 비틀림 변형이 발생한 덱에 OHC 실린더 헤드를 조립했을 때 발생가능성이 가장 적은 것은? 의역

(A) 캠샤프트 베어링 마모　　　　　(B) 밸브 시트 손상
(C) 메인베어링 뒤틀림　　　　　　(D) 냉각수 누설

실린더 블록의 덱은 반드시 평면도가 유지되어야 한다. 만약 불량 시에는 밸브 시트 마모, 냉각수 누설, 캠샤프트 베어링 마모 등이 발생할 수 있다. 메인베어링 변형의 발생가능성은 극히 적다.

정답 C

단어 **which of these** 다음 중 어느 것이 / **would be the LEAST likely** 가장 가능성이 적다 / **bolting** 볼트체결하다
warped deck surface 비틀림 변형이 있는 실린더 블록의 덱 표면

02.

Technician A says excessive piston clearance can cause piston slap.
Technician B says cylinders must be deglazed to ensure proper ring sealing.
Who is correct?

(A) A only   (B) B only   (C) Both A and B   (D) Neither A nor B

번역 정비사 A : 지나친 피스톤 간극은 피스톤 슬랩을 초래할 수 있다.

정비사 B : 실린더는 양호한 링 실링을 위해서 디글레이즈 해야 한다. 누가 맞는가?

(A) A만   (B) B만   (C) A와 B 모두   (D) 둘 다 아니다

피스톤 링이나 실린더 벽 마모가 심해지면 간극이 커진다. 이 간극은 피스톤 슬랩의 원인이 되고 노이즈를 발생시킨다. 글레이즈된 실린더 벽은 실링작용이 불량해 질 수 있다. 따라서 디글레이즈를 해 주어야 한다. 정비사 A, B 모두 맞다.

정답 C

03.

In the picture,
Technician A says that piston end gap is being measured.
Technician B says large piston end gap can cause excessive blowby gas. Who is correct?

(A) A only   (B) B only

(C) Both A and B   (D) Neither A nor B

번역 그림에서

정비사 A : 피스톤 엔드 갭을 측정하고 있다.

정비사 B : 큰 피스톤 엔드 갭은 과다한 블로바이 가스를 초래할 수 있다. 누가 맞는가?

(A) A만   (B) B만   (C) A와 B 모두   (D) 둘 다 아니다

상기 그림은 피스톤 엔드 갭이 측정되고 있음을 보여준다. 피스톤 엔드 캡이 크면 과다한 블로바이 가스가 피스톤 링을 통해 크랭크케이스에 밀집한다. 정비사 A와 B 모두 맞다.

정답 C

04. When an OHC cylinder head is installed to a cylinder block with a warped deck surface,

Technician A says it can cause premature cam bearing wear,

Technician B says it can cause main bearing failure. Who is correct?

(A) A only   (B) B only   (C) Both A and B   (D) Neither A nor B

번역 OHC 실린더 헤드를 비틀린 실린더 블록에 장착할 때,

정비사 A : 캠 베어링의 조기 마모가 유발시킬 수 있다.

정비사 B : 메인베어링의 마모가 유발될 수 있다. 누가 맞는가?

(A) A만   (B) B만   (C) A와 B 모두   (D) 둘 다 아니다

비틀린 실린더 블록을 재처리가공하지 않고 장착할 경우 캠 베어링, 밸브 시트, 밸브 페이스 등 파손 가능성이 있다. 메인 베어링과는 무관하다.

정답 A

단어 **premature** 조기의, 예정보다 빠른 / **distorted** 왜곡된, 뒤틀린 / **failure** 실패, 고장 / **slap** 부딪치는 소리 / **ensure** 보장하다, 확실하게 하다 / **proper** 적당한 / **must be deglazed** 반드시 글레이즈는 제거되어야 한다 / **can be caused** 발생할 수 있다

05. Technician A says to clean piston ring grooves with a file, Technician B says to measure the ring side clearance by using feeler gauge between each ring and the ring groove. Who is correct?

(A) A only   (B) B only   (C) Both A and B (D) Neither A nor B

[번역] 정비사 A는 피스톤 링 그루브는 줄로 제거할 수 있다고 말한다.

정비사 B는 링 사이드 간극은 링과 그루브 사이에 필러게이지를 사용해서 측정한다라고 말한다. 누가 맞는가?

(A) A만   (B) B만   (C) A와 B 모두   (D) 둘 다 아니다

피스톤 링 그루브가 마모되었으면 교환해야 한다. 링 사이드 간극 측정은 링과 그루브 사이에 필러게이지를 넣어 측정한다. 전형적인 규격은 0.001~0.004inch이다

정답 C

06. RTV sealer can be used to all of the following EXCEPT __________.

(A) rocker arm cover   (B) oil pan

(C) timing cover   (D) cylinder head

[번역] RTV는 다음의 모든 보기에 사용할 수 있다. 단, __________ 제외한다.

(A) 로커암 커버   (B) 오일 팬   (C) 타이밍 커버   (D) 실린더 헤드

RTV는 주로 로커암 커버, 오일 팬, 타이밍 커버 등에 사용한다. 실린더 헤드에는 사용하지 않는다.

정답 D

07.

When measuring crankshaft end play,

Technician A says that excessive thrust bearing clearance cause dull thumping noise.

Technician B says that thrust bearing damage will occur if the clearance is too small.

Who is right?

(A) A only   (B) B only   (C) Both A and B (D) Neither A nor B

번역 크랭크샤프트 엔드 플레이 측정할 때,

정비사 A : 스러스트 베어링 간극이 지나치게 크면 둔탁한 굉음소리의 원인이 된다. **의역**

정비사 B : 만약 간극이 지나치게 적으면 스러스트 베어링이 파손될 수 있다. **의역** 누가 맞는가?

(A) A만   (B) B만   (C) A와 B 모두   (D) 둘 다 아니다

> 정비사 A, B 모두 맞다. 특히 스러스트 베어링 노이즈는 불규칙적으로 들릴 수 있으며, 특히 심한 가속 시 더 분명하게 들릴 수 있다. 이와 비슷한 크랭크샤프트 메인베어링 노이즈는 비교적 규칙적으로 들리는 특징이 있다.

정답 C

단어 **groove** 홈(피스톤에서 링이 장착되는 파인 부분) / **RTV(room temperature vulcanize)** 실온경화성 / **can be used** 사용되어질 수 있다. / **measuring** ~을 측정하는 / **end play** 엔드 플레이 / **thrust bearing** 스러스트 베어링 / **damage** 파손, 손상

08.

Technician A says removing a piston without removing the ring ridge may result the broken piston ring lands.

Technician B says to remove the ring ridge at the top of each cylinder with a file. Who is correct?

(A) A only   (B) B only   (C) Both A and B   (D) Neither A nor B

번역 정비사 A : 링 리지 제거작업이 없이 피스톤 탈착 분리 시 피스톤 링 랜드가 파손될 수 있다.

정비사 B : 줄로 각 실린더 상부에 있는 링 리지를 제거하라고 말한다. 누가 맞는가?

(A) A만   (B) B만   (C) A와 B 모두   (D) 둘 다 아니다

> 장시간 작동한 엔진을 살펴보면 피스톤이 왕복하는 구간에는 마모가 되었으나, 그렇지 않은 피스톤 상부에는 리지가 형성된다. 리지를 제거하지 않고 피스톤을 분리할 때 피스톤 또는 링이 파손될 수 있다. 정비사 A는 맞다. 실린더 상부의 링 리지는 리지 리머로 제거한다. 정비사 B는 틀리다.

정답 A

09.

Which of these would be the LEAST likely to need to deglaze the cylinder with 220grit stones installed on a cylinder hone?

(A) Cylinder wear within specification   (B) Out of round within specification

(C) Taper within specification   (D) Scoring within specification

번역 실린더 혼에 장착된 220grit 스톤으로 실린더를 디글레이즈의 필요성이 가장 적은 것은 어느 것인가?

(A) 규격 내의 실린더 마모   (B) 규격 내의 진원도

(C) 규격 내의 테이퍼   (D) 규격 내의 긁힘

> 실린더의 마모량, 진원도, 테이퍼가 규격 내에 있으면, 실린더를 디글레이즈 할 수 있다. 긁힘 자체에 규격이 있을 수 없고, 긁힘이 있으면 보링, 호닝 작업을 실시한다.

정답 D

10. Which of these is MOST likely to be caused by the worn piston pin?

(A) Blue smoke

(B) Rapping noise that will disappear if the cylinder is grounded out

(C) A double knocking noise during engine idling

(D) Rattling noise when cold only

번역 피스톤 핀이 마모되면 발생 가능성이 가장 큰 것은 무엇인가?

(A) 블루 스모크

(B) 실린더 불능 시 사라지는 랩핑 노이즈

(C) 엔진 아이들 중 더블 노킹노이즈

(D) 오직 차가울 때만 발생하는 래틀링 노이즈

a) 블루 스모크는 엔진오일이 연소할 때 발생한다.

b) 피스톤 간극이 지나칠 때 랩핑 노이즈가 발생하며, 실린더 불능 시 상당히 노이즈가 감소할 수 있다.

c) 피스톤 핀의 마모되거나 장착불량하면 더블 노킹 노이즈가 발생한다.

d) 밸브트레인 간극이 심하거나 오일 부족 시 가볍고 규칙적인 클릭킹 노이즈가 발생한다.

정답 C

단어 **removing** 제거하는 것 / **to remove** 제거하다 / **need** 필요 / **grit** 작은 돌, 그러나 여기서는 연마숫돌의 단위로 쓰임 / **specification** 설계명세서, 즉 의미상 규격 / **out of round** 진원도 / **taper** 테이퍼 / **scoring** 긁힘 / **is MOST likely to caused by** 가장 발생 가능성이 크다 / **disappear** 사라지다

11. Technician A says RTV silicone sealant cures from the moisture in the air. Technician B says anaerobic sealers can be used as a gasket substitute. Who is correct?

(A) A only   (B) B only   (C) Both A and B (D) Neither A nor B

번역 정비사 A : RTV 실리콘 실런트는 대기 중의 수분으로부터 굳어진다.

정비사 B : 호기성 실러는 개스킷 대용 대체물 으로 사용할 수 있다. 누가 맞는가?

(A) A만   (B) B만   (C) A와 B 모두   (D) 둘 다 아니다

RTV 실리콘 실런트는 호기성 실런트로서 경화 시 공기가 필요하다. 반면에 혐기성 실러는 두 금속면을 압착하여 공기 없이 경화된다. Loctite가 대표적인 혐기성 실러이다. 따라서 개스킷 대용으로 사용해서는 안 된다.

정답 A

12. Technician A says ring flutter might occur if measured piston ring side clearance is too great.

Technician B says that too little gap can cause the rings to expand in the groove, seizing it to the piston. Who is correct?

(A) A only   (B) B only   (C) Both A and B (D) Neither A nor B

번역 정비사 A : 만약 측정된 피스톤 링 사이드 간극이 너무 크면, 링의 떨거덕거림이 발생할 수 있다.

정비사 B : 너무 간격이 작으면 링이 그루브 안에서 팽창하여 링이 피스톤에 끼일 수 있다. 누가 맞는가?

(A) A만   (B) B만   (C) A와 B 모두   (D) 둘 다 아니다

피스톤 링 사이드 간극은 필러게이지를 삽입하여 측정한다. 간극이 너무 크면 떨거덕거림 현상이 발생할 수 있고, 너무 작으면 링이 피스톤 그루브 안에서 고착될 수 있다. 정비사 A, B 모두 옳다.

정답 C

13.

When reconditioning an engine block, which machining process should be done first?

(A) Decking the block

(B) Horning the cylinders

(C) Align boring

(D) Cylinder boring

번역 엔진 블록을 재처리 공정할 때, 어느 가공 공정이 먼저 실시되어야 하는가?

(A) (실린더) 블록 덱

(B) 실린더 호닝

(C) 얼라인 보링

(D) 실린더 보링

보통 엔진블록 재처리 공정 순서는 얼라인 보링 → 실린더 블록 덱 → 실린더 보링 → 실린더 호닝이다.

정답 C

단어 **aerobic sealant** 호기성 실런트 / **cure** 경화(굳어진다) / **moisture** 수분 / **anaerobic** 혐기성(공기 없이) / **substitute** 대체물 / **flutter** 떨거덕거림 / **occur** 발생하다 / **expand** 확대(팽창)되다 / **seizing** 움켜잡고 / **reconditioning** 재처리(재생)하는 / **machining process** 가공 과정

14. Which of these could be most likely caused by a worn piston pin?

(A) Blue smoke

(B) Knocking noise

(C) Double knocking

(D) Knocking noise in cold

번역 다음 중 어느 것이 피스톤 핀 마모에 의해 가장 발생할 수 있는가?

(A) 블루 스모크   (B) 노킹 노이즈   (C) 더블 노킹 노이즈 (D) 냉간 시 노킹 노이즈

> 피스톤 핀 마모 시 들리는 노이즈는 더블 노킹노이즈이다. 더블 노킹 노이즈는 아이들 상태에서 잘 들린다. 스파크 플러그 와이어를 분리 시, 노이즈가 더 크게 들릴 수도 있다.
>
> **정답** C

15. Technician A says a misaligned connecting rod causes wear on the piston skirt. Technician B says full-floating piston pins use an interference fit between the piston and the piston pin. Who is correct?

(A) A only

(B) B only

(C) Both A and B

(D) Neither A nor B

번역 정비사 A : 커넥팅 로드의 얼라인이 불량하면 피스톤 스커트 마모가 발생할 수 있다.

정비사 B : 풀 플로팅 피스톤 핀은 피스톤과 피스톤 핀 사이에 끼워 맞춤법을 이용한다. 누가 맞는가?

(A) A만   (B) B만   (C) A와 B 모두   (D) 둘 다 아니다

> 커넥팅 로드가 트위스트 되거나 얼라인이 불량하면 피스톤 스커트에서 대각선상의 마모가 생길 수 있다. 풀 플로팅 피스톤 핀은 양 끝단에 락 링 lock ring 으로 고정된다. 정비사 A만 옳다.
>
> **정답** A

16.

Technician A says that removing the ring ridge should be done to prevent damage to the piston ring lands.

Technician B says to rotate the a ridge reamer clockwise and not to cut too deeply.

Who is correct?

(A) A only   (B) B only   (C) Both A and B (D) Neither A nor B

번역 정비사 A : 링 리지의 제거는 피스톤 링 랜드의 파손을 방지하기 위해서 반드시 실시되어져야 한다.

정비사 B : 리지 리머는 시계방향으로 돌리고 너무 깊게 파이지 않도록 한다. 누가 맞는가?

(A) A만   (B) B만   (C) A와 B 모두   (D) 둘 다 아니다

링 리지를 제거하지 않고 피스톤을 빼낼 때 피스톤 랜드가 깨지기 쉽다. 리지 리머는 시계 방향으로 돌리고 너무 깊게 커트하면 실린더 보어에 흠집이 발생할 수 있으니 주의한다.

정답 C

17. Technician A says that if a notch is found on the head of a piston, the notch usually faces the front of the engine.

Technician B says that the piston pin offset is used to reduce piston pin clearance.

Who is correct?

(A) A only   (B) B only   (C) Both A and B (D) Neither A nor B

번역 정비사 A : 만약 노치가 피스톤 헤드 상면에 있다면, 노치는 대개 엔진 프런트를 향해야 한다.

정비사 B : 피스톤 핀 오프셋은 피스톤 핀 간극을 감소시키는데 사용되어 진다. 누가 맞는가?

(A) A만   (B) B만   (C) A와 B 모두   (D) 둘 다 아니다

피스톤 헤드에 있는 노치 또는 번호 등을 방향성을 보여 준다. 피스톤 핀 오프셋은 보통 피스톤 슬랩을 감소시켜 준다. 정비사 A만 옳다.

정답 A

18. When the timing chain stretches and is replaced,

Technician A says that the valve timing will be retarded and the engine will lack low speed power.

Technician B says to replace the chain guides, sprockets and the tensioner as well.

Who is correct?

(A) A only   (B) B only   (C) Both A and B (D) Neither A nor B

번역 타이밍 체인이 늘어져 교환할 때,

정비사 A : 밸브 타이밍은 지각되어지고 엔진은 저속에서 출력이 약할 것이다.

정비사 B: 체인 가이드, 스프로킷, 텐셔너까지 같이 교환하라고 말한다. 누가 맞는가?

(A) A만   (B) B만   (C) A와 B 모두   (D) 둘 다 아니다

엔진이 오랜 기간 작동함으로서 타이밍 체인이 늘려지게 되고, 그에 따라 밸브 타이밍도 지각 된다. 그 결과 엔진성능, 특히 저속에서 엔진출력저하 현상이 발생한다. 체인 교환 시에는 체인가이드, 스프로킷, 텐셔너까지 함께 교환한다.

정답 C

19. Technician A says that press-fit piston pins are often installed in the connecting rod after heating the small end of the connecting rod with a rod heater. Technician B says that full floating piston pins are retained by lock rings located in grooves in the piston pin hole. Who is correct?

(A) A only　　　　　(B) B only　　　　　(C) Both A and B (D) Neither A nor B

번역 정비사 A : 로드 히터로 커넥팅 로드의 스몰 엔드를 가열한 후에 프레스 핏 피스톤 핀을 커넥팅 로드에 장착한다.

정비사 B : 풀 플로팅 피스톤 핀은 피스톤 핀 홀 그루브에 위치하는 락 링에 의해 유지된다. 누가 맞는가?

(A) A만　　　　　(B) B만　　　　　(C) A와 B 모두　　　　　(D) 둘 다 아니다

핀을 장착하기 전에 커넥팅 로드의 스몰 엔드를 가열시킨다. 가열된 스몰엔드는 팽창되어 압입 시 쉬워진다. 풀 플로팅 피스톤 핀은 그 양단 끝에 락 링에 의해 유지된다.

정답 C

단어 **indentation** 흠집 / **stretches** 늘어나다 / **be replaced** 교환되어지다 / **as well** 마찬가지 / **retarded** 지연[지체]시키다 / **press-fit** 프레스 끼워 맞춤 / **are retained** 유지되다 / **located** ～에 위치한

Chapter

D

Lubrication and Cooling Systems Diagnosis and Repair

8 questions

D. 윤활 및 냉각 시스템 진단 및 수리 8문항

4.1 엔진 윤활 lubrication 시스템 : 오일 압력 테스트

— Diagnose engine lubrication system problems; perform oil pressure tests;

1. 엔진 윤활 시스템 문제

- 윤활 시스템 주요 고장 중에 하나는 과도한 오일 소모 excessive oil consumption 이다.

- 내부 누유 inside leak 는 피스톤 링, 밸브 가이드 등이 불량하면 오일 소모가 심해진다.

- 외부 누유 outside leak 는 보통 밸브 커버 개스킷 valve cover gasket, 오일 필터, 오일 실 oil seal, 오일 팬 개스킷 oil pan gasket 등이다.

2. 오일 압력 테스트

- 오일압력 스위치를 탈거하고 압력게이지를 설치한다.

- 엔진을 워밍업 시킨 후 아이들 상태와 2500rpm에서 측정한다.
- 전형적인 오일압력 규격은 대략 1000rpm 당 10psi로 계산하여 2000rpm이라면 오일압력은 20psi로 판단한다.

저압 (Low oil pressure)	고압 (High oil pressure)
• 캠샤프트 베어링 마모 **Worn camshaft bearing** • 크랭크샤프트 베어링 마모 **Worn crankshaft bearing** • 오일 픽업 필터 막힘 **Blocked oil pickup filter** • 오일펌프 압력 릴리프 밸브 약함 **Weak oil pump pressure relief spring**	• 압력 릴리프 밸브 고착 **A stuck closed pressure relief valve** • 오일 통로 막힘 **A clogged oil passage** • 고점도 오일 **Thicker oil**

- 오일압력이 지나치게 높으면 윤활부족 poor lubrication 현상이 발생할 수 있다. 왜냐하면 엔진오일을 적정한 흐름으로 부품 사이를 통과해야 하는데, 오일압력이 지나치게 높으면 너무 빨리 지나가기 때문이다.
- 만약 오일압력이 낮으면, 캠샤프트 베어링 또는 크랭크샤프트 베어링이 지나친 마모 또는 지나치게 간극이 크거나, 오일 픽업 필터 pickup filter 가 막혔거나 오일펌프 압력 조절 스프링 oil pump pressure relief spring 이 약한 것이다.
- 오일압력이 3~7psi 이하이면 엔진오일 경고등이 들어온다.
- 엔진 시동 시에는 유압이 낮으므로 경고등에 불이 들어오지만, 엔진 시동 후에는 오일압력 oil pressure 이 오일 압력스위치를 off시켜 경고등이 꺼진다.
- 오일펌프 압력 릴리프 밸브 pressure relief valve 가 **뻑뻑** sticky[1] 하거나 마모되었는지 점검한다.
- 만약 밸브가 닫힌 closed 상태에서 **뻑뻑**하면, 오일압력은 과다할 것이다.
- 만약 열린 open 상태에서 고착 stuck[2] 이 되었다면 오일압력은 저압일 것이다.

---

1) **sticky** 뻑뻑한, 끈적거리는_ 압력 릴리프 밸브가 오염되어 뻑뻑하면 원활하게 작동하지 못함.
2) **stuck** 움직이지 못하는 상태, 고착_ 압력 릴리프 밸브가 열린 상태에서 고착되면 오일압력이 형성되지 않아 저압이 될 것이다.

4.2 오일펌프

— Disassemble, inspect and measure oil pump (includes gears, rotors, housing, and pick‑up assembly), pressure relief devices, and pump drive; determine necessary action; replace oil filter.

1. 오일펌프 측정

- 오일펌프의 안쪽과 바깥쪽 로터 rotor 의 두께를 마이크로미터로 측정한다.
- 로터 오일펌프 측정항목은 다음과 같다. 직선자와 필러게이지를 사용한다.

No	Measurement	Rotor oil pump Typical spec
1	the outer rotor thickness	Max 0.010inch
2	the clearance between the outer rotor and the pump body	Max 0.012inch
3	the clearance between the inner and outer rotor lobes	Max 0.01inch
4	clearance between a straightedge and gears	Max 0.003inch

- 로터 타입 오일펌프 rotor type oil pump 는 안쪽 로터에 의해 구동된다. 바깥쪽 로터의 로브는 항상 안쪽 로터의 로브보다 하나 더 많다. 로터 타입이 기어 타입보다 더 많은 오일양을 송출할 수 있다.
- 기어 타입 오일펌프 측정항목과 전형적인 규격은 다음과 같다

No	Measurement	Typical spec
1	Body to outer gear clearance	0.004~0.008inch
2	Inner gear to crescent clearance	0.009~0.013inch
3	Outer gear ti crescent clearance	0.008~0.012inch

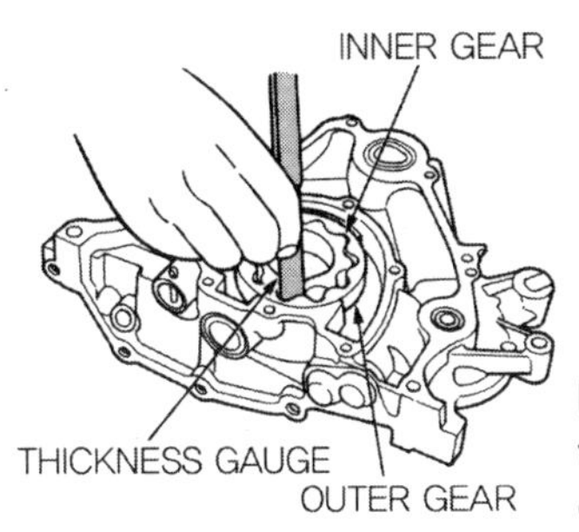

Measuring gear tip-to-crescent[3] clearance

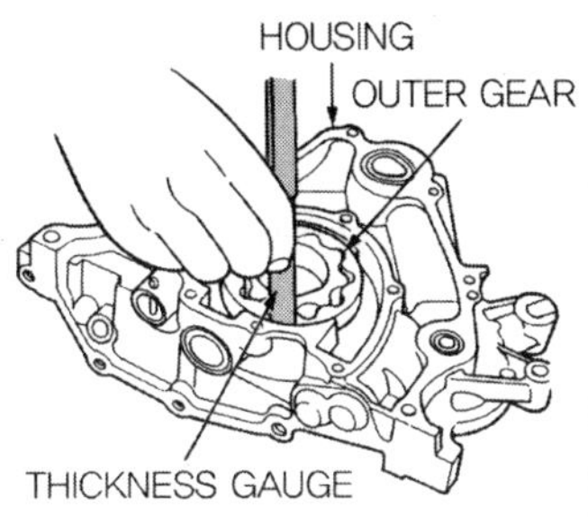

Checking the driven gear-to-body[4] clearance

2. Pressure relief devices

- 오일 압력이 지나치게 높아지면 릴리프 밸브가 열려 엔진오일은 바이패스 bypass 되어 오일 팬으로 복귀한다. 릴리프 밸브는 오일압력이 보통 50psi 이상 상승하는 것을 방지한다.

- 오일펌프에서 압력 릴리프 밸브를 탈거할 때 방향성을 잘 확인한다. 만약 재조립 시 릴리프 밸브를 거꾸로 장착하면 오일펌프에 압력이 형성되지 않는다.

---

3) 드리븐 기어와 바디 간극 측정
4) 기어 팁과 크레센트 간극을 측정

4.3. 냉각 시스템 cooling system

— Perform cooling system tests; determine necessary action.

- 냉각수 압력 테스터를 라디에이터 radiator 에 설치하여 냉각시스템의 누수를 확인한다. 약 15psi를 가하고 외부로 누수가 발생하는지 점검한다. 자동차 제조사에서 규정하는 압력 이상으로 테스트 압력을 가하지 않는다. 지나친 압력은 워터펌프 water pump, 라디에이터, 히터 코어 heater core, 호스가 손상을 가할 수 있기 때문이다.
- 압력테스터로 라디에이터 캡 radiator cap 에 규정 압력을 가하여 압력이 유지되는지 확인한다. 라디에이터 캡이 고장 나면 냉각수 손실 coolant loss 또는 엔진 오버히트 overheat 를 야기시킬 수 있다.
- 압력눈금이 떨어지는데 외부 누수가 없다면, 히터코어에서 누수하고 있는지 확인한다.
- 만약 누수가 없다면 엔진 실린더 내부로 누수가 의심되므로 엔진오일량과 상태를 점검한다. 엔진오일의 색상이 우유색 milky 라면 냉각수가 혼입된 것이다.

No	외부 누수(External leakage)	내부 누수(Internal leakage)
1	라디에이터 Radiator	헤드 개스킷 파손 Blown and damaged head gasket
2	호스 Hoses	실린더 헤드 균열 Cracked cylinder head
3	워터 펌프 Water pump	실린더 블록 균열 Cracked cylinder block
4	히터 코어 Heater core	ATF 쿨러 누설 Leaked automatic transmission fluid cooler
5	서모스탯 하우징 균열 Cracked thermostat housing	
6	냉각수 온도 센서 Coolant temperature sensor	
7	평면도 불량이거나 균열 있는 실린더 헤드 또는 블록 Warped or cracked cylinder head or block	

4.4 드라이브 벨트, 텐셔너, 풀리

― Inspect, replace, and adjust drive belt(s), tensioner(s), and pulleys.

- V-벨트는 측면이 마찰 면이기 때문에 이 측면이 마모되면 교환해야 한다.
- 만약 벨트가 느슨하거나 마모되면 엔진 가속 시 스퀄링 노이즈 squealing noise[5] 가 발생할 수 있다.
- 또한 벨트 장력이 작으면, 벨트가 미끄러져 워터 펌프의 성능이 저하됨으로서 엔진 과열이 발생할 수 있다. 반대로 벨트 텐션이 지나치게 세면 워터 펌프의 베어링에 악영향을 끼쳐 노이즈를 유발시키거나 벨트의 수명을 단축시킬 수 있다.
- 벨트의 텐션은 반드시 벨트 텐션 게이지로 측정해야 한다. 다만 약식으로 벨트를 엄지손가락으로 눌러 확인할 수 있는데, 전형적인 규격은 벨트 스팬 belt span 1foot 당 0.5inch 의 디플렉션 deflection[6] 이내이여야 한다.

---

5) **squealing noise** : (높고 길게) 끼익 하는 노이즈
6) **defelction** 변형량

4.5 호스, 피팅

─Inspect and replace engine cooling and heater system : hoses and fittings.

Tip 시험에서 ECD는 출제 가능성이 매우 크다.

- 냉각시스템의 호스는 전기화학적 electrochemical 반응에 의해 주로 파손된다. 이것을 전기화학적 열화 ECD7) 라 한다. 호스, 엔진 냉각수, 엔진/라디에이터 핏팅 fitting 은 갈바닉 셀 Galvanic cell 을 만들고 이런 화학적 반응으로 호스의 내구성이 약해진다. ECD는 특히 엔진과열 시 또는 엔진 진동이 클수록 심해진다.

- 호스가 지나치게 부드럽다면 mushy 이 호스는 장시간 ECD에 노출된 것이며, 교체해야 한다.

- 호스의 손상 종류로는 부풀어 지거나 swollen, 지나치게 부드럽거나 soft, 표피가 벗겨져 나가던가 chafed, 딱딱해지거나 hardened 이다.

---

7) **ECD, electromechanical degration**

4.6 서모스탯, 바이패스

— Inspect, test, and replace thermostat, by‑pass, and housing.

- 대부분 엔진에는 작은 냉각수 바이패스 통로가 있다. 엔진이 냉각되어 서모스탯 thermo‑ stat 이 닫혀 있을 때 어느 정도의 냉각수가 실린더 블록과 헤드사이에서 순환하도록 함으로서 실린더가 균등한 가열을 제공하고 열점 hot spot 을 방지한다.

- 대부분 서모스탯은 방향성이 있으므로 반대방향으로 조립하지 않도록 주의하다. 만약 반대 방향으로 조립한다면 서모스탯을 열리지 않고, 결국 엔진과열이 발생할 것이다.

- 서모스탯에 결함이 발생한다면 오버히트 뿐만 아니라 연비불량이나 엔진성능이 악화될 것이다.

- 만약 엔진이 차가우면서 냉각수가 순환하고 있음을 확인했다면, 이는 서모스탯의 열림‑ 고착 stuck open 을 의미한다. 서모스탯이 열린 채 고착 되었다면 엔진에 미치는 영향은 다음과 같다.

  ❶ **농후한 연료비** Rich mixture

  ❷ **연비 악화** poor fuel economy

  ❸ **히터 기능 저하** poor heater performance

4.7 부동액coolant

— Inspect coolant; drain, flush, and refill cooling system with recommended coolant; bleed air as required.

- 부동액의 어는점 freezing point 은 낮추고, 비등점 boiling point 은 올려준다. 부동액에는 부식방지제, 거품방지제 등이 포함되어 엔진 구성부품의 금속이 부식 또는 침전으로부터 보호한다.

- 가장 많이 사용하는 부동액은 에틸렌글리콜 ethylene-glycol 이다. 물과 에틸렌글리콜은 5:5로 혼합하면 어는점은 약 –34°F = –37℃ 까지 내려간다. 부동액 비율이 60%를 초과하면 다시 어는 점이 상승한다. 따라서 부동액 농도 concentration 를 70% 이상으로 사용하지 않는다.

- 반면에 비등점은 냉각수 농도가 진할수록 비등점도 이에 비례하여 커진다.

4.8 워터 펌프 water pump

― Inspect and replace water pump.

- 워터펌프의 균열, 손상, 마모를 점검하여 필요시 워터펌프를 교환한다.
- 워터펌프 드레인 홀 drain hole 에 냉각수 누설, 녹 등을 확인한다. 만약 이 드레인 홀에서 냉각수가 떨어지면 워터펌프를 교환한다.
- 실 유닛, 베어링의 손상, 비정상적인 노이즈, 회전불량을 점검하여 불량 시 교환한다.
- 워터펌프의 베어링은 실드 sealed, 밀봉된 되어 있고, 별도의 윤활이 필요하지 않다. 만약 이 실이 파손되어 냉각수가 베어링에 유입된다면 베어링이 손상될 수 있다.
- 워터펌프에 새 O-ring을 장착 시 오일이나 그리스를 바르지 않고 물로 바른다.
- 워터 펌프 베어링이 마모 또는 손상되면 엔진 공회전시 그롤링 노이즈 growling noise[8] 가 발생할 수 있다.

---

8) **growling noise** 으르렁 거리는 노이즈

4.9 라디에이터, 히터 코어, 프레셔 캡

— Inspect, test, and replace radiator, heater core, pressure cap, and coolant recovery system.

- 라디에이터 캡과 스프링의 손상, 균열 또는 변형을 점검한다.
- 라디에이터 캡에 라디에이터 캡 테스터기를 장착하고 압력을 가한다. 압력이 10초 이상 유지되면 양호하다.
- 라디에이터 핀의 휨, 손상을 점검하고 호스의 균열, 손상, 약화 등을 점검한다.
- **라디에이터 캡의 3가지 기능**
  - ❶ 냉각시스템의 압력을 14~18psi의 냉각시스템압력을 유지시켜 냉각수의 비등점 boiling point 를 상승시킨다. 압력 1psi의 상승은 냉각수 비등점 3°F 올릴 수 있다. 따라서 냉각성능이 향상시킬 수 있다.
  - ❷ 과다 압력은 릴리프 relief 시킨다. 민약 냉각수가 과열되면 시스템내의 압력도 따라 팽창하게 되고, 냉각수는 라디에이터 캡의 압력 밸브를 밀어올려 팽창탱크 expansion tank 로 빠져나가게 된다.
  - ❸ 진공을 릴리프 시켜 라디에이터 및 호스의 손상을 예방한다. 엔진이 멈추어 차가워 지면 냉각수는 수축하고 감소된 체적만큼 냉각시스템에 진공이 형성되어 진공 밸브를 잡아 당겨 열리게 한다. 이렇게 되면 냉각수는 진공 밸브 vacuum valve 에서 냉각시스템으로 다시 흘러 들어가게 된다.

- 냉각수 팽창 탱크에 냉각수 레벨이 지나치게 높다면, 라디에이터 튜브 상태가 불량한지, 워터펌프 임펠러의 마모, 전기 쿨링팬의 작동여부를 확인한다.

4.10 팬 클러치, 냉각수 온도 센서

— Clean, inspect, test, and replace fan (both electrical and mechanical), fan clutch, fan shroud, air dams and cooling related temperature sensors.

1. 팬 클러치 fan clutch

- 팬 클러치는 일종의 온도에 의해 제어되는 유체 커플링 fluid coupling 으로서 팬 fan 이 가변적 variable speed 이다. 보통 워터펌프 풀리와 쿨링팬 사이에 장착된다.
- 엔진온도가 상승하게 되면 서모스태틱 스프링 thermostatic spring 이 더 많은 실리콘 오일을 유체 클러치에 들어가게 해서 팬 클러치가 작동하게 된다.

2. 팬 쉬라우드 fan shroud

- 공기 흐름의 양을 모아 팬의 효율을 증가시킨다.

3. 냉각 수온 센서 CTS coolant temperature sensor

- 컴퓨터는 냉각 수온 센서의 신호에 이용해 EVAP, EGR, TCC, open – loop[9], closed – loop[10]를 조절한다.

  > **Tip** **EVAP_** Evaporative system, **EGR_** Exhaust gas recycle, **TCC_** Torque converter clutch

- 라디에이터에 12V 전압을 인가해 모터가 회전하는지 점검하고 회전 시 노이즈가 나는지 확인한다.
- CTS[11]는 냉각수 온도를 검출하는 부특성 서미스터로 ECU가 연료량, EGR, 점화시기 보정 시 관여하는 센서이다.

---

9) **open loop** 엔진 작동 중 각종 센서가 컴퓨터로 신호는 보내지만, 컴퓨터가 액추에이터를 작동시키지 않는 조건
10) **closed loop** 엔진 작동 중 각종 센서가 컴퓨터로 신호는 보내고, 컴퓨터가 입력신호에 따라 각종 액추에이터를 작동시켜 시스템을 컨트롤하는 조건
11) **CTS, coolant temperature sensor** 냉각수온센서

4.11 엔진 오일 쿨러

― Inspect, test, and replace internal and external oil coolers.

- 일부 디젤엔진이나 대부분 터보차저 엔진에는 뜨거워진 오일을 식히기 위해 오일 쿨러가 설치되어 있다.
- 오일 작동온도 최고점은 대략 250°F 121℃ 이다.
- 오일이 지나치게 상승하면 산소와 결합하는 산화반응을 유발하는데, 이는 카본을 형성하기도 하고 스티키 바니시 sticky vanish[12] 를 형성한다.
- 따라서 오일 쿨러는 오일 온도를 적정하게 유지시켜 오일 산화를 방지한다.
- **오일 쿨러**는 라디에이터에 속해 있을 수도 있고, 별도로 독립적으로 설치되어 있을 수 있다.
- 일부 엔진에서의 오일 쿨러는 냉각수가 지나가게 함으로서 과열된 오일의 열을 흡수하게 한다.
- 일부 엔진에서는 라디에이터가 오일 쿨러 튜브가 장착되어 있다. 이 튜브와 오일필터 호스와 연결되어 있어 오일이 이 튜브를 따라 라디에이터를 순환함으로서 냉각되어진다. 냉각된 오일은 다시 오일 필터와 엔진으로 다시 흘러간다.

---

12) **sticky vanish** 엔진오일이 산화반응하여 생긴 끈적끈적한 오염물질

True or False Review Questions

01. 주행 중 오일 경고등이 점등된다. 오일 경고등 회로에서 접지불량 또는 접지 단락되면 short ground 되면 발생할 수 있다.

True 엔진 시동 후 오일압력이 상승함으로서 오일 경고등 회로가 차단open되는데, 만약에 그림에서와 같이 회로 중간에서 단락 접지 short ground 되거나 오일 압력 스위치 자체 접지되면 오일 경고등이 계속 점등될 수 있다.

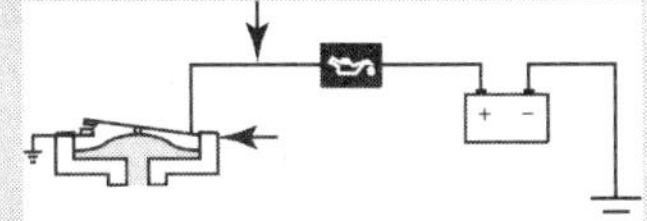

02. 라디에이터 캡이 불량하면 엔진이 식어도 냉각수가 라디에이터로 복귀되지 않는다.

True 라디에이터 캡에는 압력밸브와 진공밸브가 있어 냉각수의 입출입을 제어한다. 따라서 캡의 진공밸브가 고장나면 냉각수가 복귀되지 않을 것이다.

03. 워터펌프의 드레인 홀 drain hole 에 냉각수 잔여물 residue 이 보이면 워터펌프에서 누설이 발생하고 있다.

True 워터펌프의 드레인 홀에 냉각수 잔여물이 보이면 워터펌프의 실이 파손되어 냉각수가 누설되고 있는 것이다.

04. 서모스탯이 닫힌 채 고착 stuck closed 되면 엔진은 오버히트 되고, 열린 채 고착되면 서서히 웜 업 한다.

True 서모스탯이 닫힌 채 고착되면 엔진은 오버히트되고, 열린 채 고착되면 서서히 웜 업될 것이다.

05. 쿨링시스템에 녹나 스케일 scale 이 많이 쌓이면 오버히트 할 수 있다.

True 쿨링시스템에 녹이나 스케일이 많이 쌓이면 냉각수 순환에 방해되므로 냉각 효과가 감소하여 심하면 오버히트 할 수 있다.

06. 쿨링시스템의 압력이 올라가면 냉각수 보일링 포인트는 감소한다.

False 쿨링시스템의 압력이 올라가면 냉각수 보일링 포인트가 올라간다.

07. 냉각수의 농도가 클수록 냉각수 보일링 포인트는 올라간다.

> **True** 냉각수 농도가 클수록 보일링 포인트는 올라간다.

08. 워터펌프 베어링의 마모되면 엔진 아이들시 그롤링 노이즈 growling 이 발생할 수 있다

> **True** 엔진 아이들 시 그롤링 노이즈 growling 가 워터펌프에서 들린다면 베어링이 마모 가능성이 크다.

09. 헤드개스킷이 파손되면 테일 파이프에서 백색 스모크가 발생할 수 있다.

> **True** 헤드개스킷이 파손되어 냉각수가 연소실에 유입되어 연소하면 백색 스모크가 발생할 수 있다.

10. 라디에이터 캡은 냉각수의 보일링 포인트를 상승시킨다.

> **True** 라디에이터 캡의 압력밸브는 냉각수의 보일링 포인트를 영향을 끼친다.

11. 전자제어 엔진에서 서모 스탯 열린 고착은 연료비를 희박하게 만든다.

> **False** 서모스탯 열린 고착되면 엔진은 웜 업이 지연될 것이고, 그때까지 컴퓨터는 CTS coolant temperature sensor 로부터 차가운 엔진온도를 수신하여 연료비를 농후하게 조절할 것이다.

12. 오직 고속주행 시에만 오버히트 한다면 써모 스탯이 닫힌 고착 때문이다.

> **False** 서모스탯이 닫힌 채 고착되었다면 고속주행 외 다른 주행 시에도 오버히트할 것이다.

ASE Style Question

01. A thermostat stuck open can cause all of the following EXCEPT __________.

(A) Low engine temperature   (B) Poor fuel economy

(C) Rich air fuel ratio   (D) overheating

번역 스턱 오픈 서모스탯은 다음의 모든 보기를 초래할 수 있다. 단 ______는 제외이다.

(A) 낮은 엔진 온도 (B) 연비 악화   (C) 농후한 혼합비   (D) 오버히트

> 서모스탯이 스턱-오픈=열림 고착되었다면, 엔진이 정상 작동온도 도달시간이 지연될 것이다. ECU는 연료비를 농후하게 조절함으로서 연비가 악화된다. 반대로 서모스탯이 닫힌 채 고착 되었다면 오버히트가 발생할 것이다.
>
> **정답** D

단어 **stuck open** 열린 채 움직이지 않음고착

02.

Technician A says an inoperative cooling fan will cause overheating while keep driving at idling and low speeds in traffic jam.

Technician B says that 100% coolant provides better cooling than a mixture of coolant and water. Who is correct?

(A) A only   (B) B only   (C) Both A and B   (D) Neither A nor B

번역 정비사 A : 교통 체증에서 아이들링 및 저속으로 계속 주행하는 동안 작동이 불량한 쿨링 팬은 오버히팅을 초래할 것이다.

정비사 B : 100% 부동액은 부동액 - 물 혼합액보다 더 나은 냉각효과를 제공한다. 누가 맞는가?

(A) A만   (B) B만   (C) A와 B 모두   (D) 둘 다 아니다

특히 여름 도시정체구간에서 자동차가 가다 서다를 반복하는 구간에서 쿨링팬의 작동이 원활하지 않으면 엔진이 오버히트할 것이다. 쿨링 팬의 작동불량 원인에는 온도센서 불량, 쿨링 팬 회로의 이상 커넥터 체결상태, 접지 불량 유무를 확인한다. 100% 부동액은 부동액–물 혼합액보다도 냉각효과가 떨어진다. 보통 50:50의 혼합비로 많이 사용한다.

정답 A

03.

Technician A says normal oil pump pressure in an engine is 70 to 420kpa(10 to 60psi).

Technician B says any oil pump is driven directly by the gear or shaft from the camshaft. Who is correct?

(A) A only   (B) B only   (C) Both A and B   (D) Neither A nor B

번역 정비사 A : 엔진에서 일반 오일펌프 압력은 70~420kpa 10~60psi 이다.

정비사 B : 어떤 오일펌프는 캠샤프트에 연결된 기어나 샤프트에 의해 구동된다. 누가 맞는가?

(A) A만   (B) B만   (C) A와 B 모두   (D) 둘 다 아니다

전형적인 오일 펌프 압력 범위는 70~420kpa 10~60psi 이다. 오일펌프는 크랭크샤프트에 직접 연결되어 구동되거나, 캠샤프트 등에 기어나 샤프트로 연결되어 구동되기도 한다. 정비사 A, B 모두 옳다.

정답 C

04.

Low oil pressure on an idling engine is causing noise from the hydraulic valve lifters. One of the reasons could be _______________.

(A) Excessive clearance in the connecting rod or main bearings.

(B) too heavy an oil used for that particular temperature.

(C) too fast idle speed.

(D) stuck open thermostat.

번역 아이들 엔진 상태에서 오일압력이 낮고, 하이드로릭 밸브 리프터에서 노이즈가 발생한다. 주원인은 무엇인가?

(A) 커넥팅 로드나 메인베어링의 간극이 크다
(B) 특정 온도용으로 사용되는 고점도의 오일
(C) 너무 빠른 아이들 스피드
(D) 열린 채 고착된 서모스탯

> 커넥팅 로드나 메인 베어링 간극이 크다면 오일압력이 낮아 질 것이고, 이로 인해 밸브트레인에 공급되는 오일량도 빈약해 밸브 리프터의 노이즈가 발생할 수 있다. 엔진오일의 고점도나 페스트 아이들 스피드는 오히려 오일 압력 상승에 영향을 준다. 서모스탯은 관련성이 없다.
>
> **정답** A

단어 **inoperative** 작동불능의 / **while keep driving** 계속 주행하는 동안에 / **traffic** (특정 시간에 도로상의) 차량들, 교통량 / **mixture** 혼합물 / **normal** 보통의 / **be driven** 구동되어 진다 / **directly** 직접적으로 / **one of the reasons** 이유들 중 하나 / **used for** ~용으로 사용되는 / **particular** 특정한 / **sticking open** 열린 채 움직이지 않음 고착

05.

While discussing about a excessive high coolant level in the recovery reservoir, Technician A says this problem may be caused by restricted radiator tubes. Technician B says this problem may be caused by an inoperative electric-drive cooling fan. Who is correct?

(A) A only   (B) B only   (C) Both A and B   (D) Neither A nor B

번역 냉각수 보조탱크에 냉각수 양이 지나치게 많은 것에 대해 논의 중에,

정비사 A : 이 문제는 라디에이터 막힘에 의해 발생할 수 있다.

정비사 B : 이 문제는 전기 쿨링팬의 작동불량으로 발생할 수 있다. 누가 맞는가?

(A) A만   (B) B만   (C) A와 B 모두   (D) 둘 다 아니다

일반적으로 엔진이 가열되면 작동온도가 올라감으로서, 냉각수의 온도 상승과 압력 상승 팽창 하여 라디에이터 캡을 통하여 보조탱크로 유입되었다가 엔진이 차가우면 냉각수는 라디에이터 캡의 진공밸브를 통해 다시 엔진으로 유입된다. 라디에이터 부분 막힘이나, 워터펌프 임펠러 마모, 전기 쿨링팬 작동불량은 엔진과열을 유발시켜 냉각수의 작동온도와 압력을 더욱 상승시킨다.

정답 C

06.

An electric drive cooling fan circuit is shown.

Technician A says that if the CTS is grounded, the cooling fan will keep running even though the ignition is turned off.

Technician B says that when the A/C is turned on, the cooling fan won't run if the condenser switch is grounded badly. Who is correct?

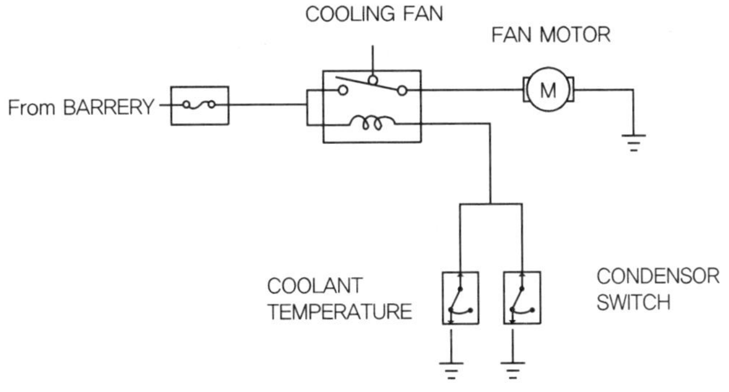

(A) A only   (B) B only   (C) Both A and B (D) Neither A nor B

번역 전기 쿨링팬 회로도이다.

정비사 A : 만약 CTS 냉각수 온도센서 가 접지되면, 쿨링팬은 이그니션 키를 off시켜도 계속 작동할 것이다.

정비사 B : 에어컨 스위치 "ON"할 때, 콘덴서 스위치가 접지상태가 불량하면 쿨링팬은 작동하지 않을 것이다. 누가 맞는가?

(A) A만   (B) B만   (C) A와 B 모두   (D) 둘 다 아니다

CTS가 그라운드 접지불량이 발생하면, 항시 배터리 전원이 CTS로 통하므로 릴레이 ON된다. 이런 경우 이그니션 키가 "OFF" 되었다 하더라도, 결국 쿨링팬 모터는 계속 작동된다. 정비사 A가 옳다. 에어컨 스위치를 "ON" 시킬 때, 콘덴서 스위치의 접지상태가 불량하면 쿨링팬 컨트롤 릴레이가 작동하지 않으므로 쿨링팬은 회전하지 않는다. 정비사 B는 옳다.

정답 C

단어 **keep running** 계속 구동하다, 작동하다 / **even though** 비록 ～일지라도 / **turn off** (전원을) 끄다 / **A/C** air conditioning / **turn on** (전원을) 켜다 / **is grounded badly** 접지가 불량하다

07.

A electric cooling fan is inoperative.

Technician A says to inspect the ground in the cooling fan circuit.

Technician B says to inspect coolant temperature sensor (CTS). Who is correct?

(A) A only   (B) B only   (C) Both A and B (D) Neither A nor B

번역 쿨링팬 작동이 원활하지 않다.

정비사 A는 쿨링팬 회로에서 접지를 검사하라고 한다.

정비사 B는 냉각 수온 센서를 검사하라고 한다. 누가 맞는가?

(A) A만   (B) B만   (C) A와 B 모두   (D) 둘 다 아니다

> 쿨링팬의 작동 불량 시 일반적인 검사항목으로 접지상태가 느슨하거나 녹이 발생한 경우, 냉각수 온도센서의 저항 불량, 릴레이 단락 등이다. 정비사 A, B 모두 옳다.
>
> **정답** C

08.

The continuous engine oil warning light "ON" during running could be caused by all of the following EXCEPT ______________.

(A) Too much main bearing clearance   (B) A grounded warning lamp circuit

(C) Too low engine oil level   (D) Sticky relief pressure valve

번역 주행 중 지속적인 엔진 오일 경고등 점등(ON)은 다음의 모든 보기에 의해 발생할 수 있다. 단 ____은 제외이다.

(A) 메인 베어링 간극이 지나치게 큼   (B) 경고등 회로에 (상시) 접지됨

(C) 엔진 오일량이 낮음   (D) 뻑뻑한 릴리프 밸브

> 보기 A, B, C는 모두 오일경고등 상시 점등의 원인이 될 수 있다. 뻑뻑한 릴리프밸브는 오일압력 상승의 원인이 되어도 이로 인해 오일경고등이 점등되지는 않는다.
>
> **정답** D

09. Technician A says too much oil pressure can cause excessive oil consumption. Technician B says viscosity goes up with lower temperature. Who is correct?

(A) A only   (B) B only   (C) Both A and B (D) Neither A nor B

번역 정비사 A : 지나친 오일 압력은 과다한 오일 소모를 초래할 수 있다.

정비사 B : 점도는 저온에서 상승한다. 누가 맞는가?

(A) A만   (B) B만   (C) A와 B 모두   (D) 둘 다 아니다

> 오일압력이 지나치게 높으면 피스톤 링 또는 밸브 가이드를 통해서 더 많은 오일이 연소실로 유입되므로 오일소모가 심해진다. 정비사 A는 옳다. 점도와 온도는 반비례한다. 즉 온도가 올라갈수록 점도는 낮아지고 반대로 저온일수록 점도는 올라간다. 정비사 B는 옳다.
>
> **정답** C

단어 **continuous** 계속되는 / **during running** 주행 중 / **could be caused by** ~에 의해 발생할 수 있다 / **viscosity** 점도 / **goes up** 올라간다

10.

Technician A says a sticking oil pump pressure relief valve could make oil pressure be too high.

Technician B says a obstructed oil passage could result in high oil pressure at idle.

Who is correct?

(A) A only   (B) B only   (C) Both A and B (D) Neither A nor B

번역 정비사 A : 빽빽한 오일 펌프 압력 릴리프 밸브는 오일 압력을 매우 높게 만들 수 있다.

정비사 B : 막힌 오일 통로는 아이들 시 오일 압력상승의 결과를 낳을 수 있다. 누가 맞는가?

(A) A만   (B) B만   (C) A와 B 모두   (D) 둘 다 아니다

오일펌프에서 프레셔 릴리프 밸브는 내부 오일압력이 지나치게 상승하면 이를 완화시켜 주는 기능을 한다. 따라서 릴리프 밸브가 작동이 빽빽하다면 오일 압력 상승 시 완화시켜주지 못할 것이다. 정비사 A는 옳다. 오일 통로가 부분적으로 막혔다면 오일압력 상승의 원인이 된다. 정비사 B도 옳다.

정답 C

11.

In the picture shown, what is being measured in the rotor oil pump?

(A) inner rotor diameter

(B) clearance between the rotors

(C) inner and outer rotor thickness

(D) outer rotor to housing clearance

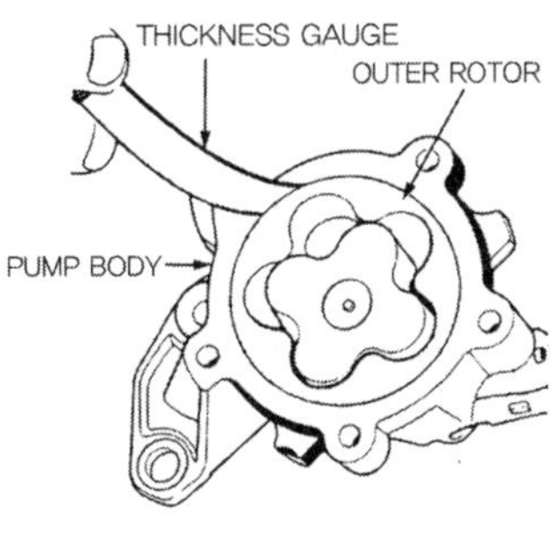

번역 그림에 나오는 로터 오일펌프에서 무엇을 측정하고 있는가?

(A) 인너 로터 두께   (B) 로터 간의 간극
(C) 인너/아웃 로터 두께   (D) 아웃로터와 하우징 간극

상기 그림은 아웃로터와 하우징 간극을 필러게이지를 사용하여 측정하고 있다.

정답 D

12.

During discussing about the thermostat stuck open while driving, Technician A says HC and CO emissions will be higher than normal. Technician B says the engine will overheat in the long run. Who is correct?

(A) A only　　　　(B) B only　　　　(C) Both A and B　(D) Neither A nor B

번역 주행 중에 서모스탯의 열림 고착에 관해 논의 중,

정비사 A : HC와 CO 배출가스가 평소보다 더 올라갈 것이다.

정비사 B : 엔진은 결국 오버히트할 것이다. 누가 맞는가?

(A) A만　　　　(B) B만　　　　(C) A와 B 모두　　　(D) 둘 다 아니다

만약 서모스탯이 열린 채 고착되면 냉간된 엔진에서 상당히 지속될 것이다. 이 동안에 농후한 연료비로 인하여 결국 더 많은 HC와 CO 배출가스가 배출될 것이다. 정비사 A는 맞다. 만약에 이 엔진이 오버히트 한다면 어떤 다른 원인에 의해 발생할 수 있겠지만, 적어도 열림 고착 서모스탯 때문에 발생하지는 않는다. 정비사 B는 틀리다.

정답 A

단어 **obstructed** 차단된, 막힌 / **at idle** 공회전 / **in the figure shown** 표시된 그림 / **thickness** 두께 / **than normal** 평소 보다 더 / **in the long run** 결국에는

13. If the vacuum valve portion of a 15psi radiator cap is stuck open, Technician A says there will be no coolant in expansion tank. Technician B says the pressure of the cooling system will be reduced. Who is correct?

(A) A only   (B) B only   (C) Both A and B   (D) Neither A nor B

번역 만약 15psi 라디에이터 캡에서 진공 밸브가 열린 채 고착 한다면

정비사 A : 팽창 탱크에 냉각수가 없을 것이다.

정비사 B : 냉각 시스템의 압력이 감소될 것이다. 누가 맞는가?

(A) A만   (B) B만   (C) A와 B 모두   (D) 둘 다 아니다

> 진공 밸브가 계속 열려 있다면 냉각수는 압력 밸브와 진공 밸브 양쪽으로 빠져 나갈 것이므로 시스템 압력은 감소할 것이다. 정비사 B는 맞다. 문제에서 팽창밸브 불량에 대해서 언급이 없으므로 정상 작동하다고 판단하면 팽창 탱크 내에 냉각수는 있을 것이다. 정비사 A는 틀리다.

정답 B

14. Which of the following would cause low oil pressure?

(A) Partially clogged crankshaft gallery

(B) Stuck closed pressure relief valve

(C) Weak oil pressure relief valve

(D) High viscosity oil

번역 다음 중 어느 것이 낮은 오일 압력을 초래할 수 있겠는가?

(A) 부분적으로 막힌 크랭크샤프트 갤러리   (B) 닫힌 채 고착된 압력 릴리프 밸브
(C) 약한 오일 압력 릴리프 밸브   (D) 고점도 오일

> 저오일 압력 발생원인은 오일레벨이 낮거나 오일 프레셔 릴리프 밸브 열림 고착이다. 크랭크샤프트 갤러리의 부분 막힘, 압력 릴리프 밸브 닫힘 고착, 고점도 오일은 오일압력이 상승할 것이다.

정답 C

15.

Two technicians are discussing water pump and cooling system.

Technician A says that excessive tight drive belt can make bearing to be damaged.

Technician B says that broken seal of radiator cap can cause inoperative coolant recovery system. Who is correct?

(A) A only　　　　　(B) B only　　　　　(C) Both A and B (D) Neither A nor B

번역 두 명의 정비사가 워터 펌프와 냉각 시스템을 논의하고 있다.

정비사 A : 지나치게 타이트한 벨트는 베어링을 손상시킬 수 있다.

정비사 B : 라디에이터 캡의 파손된 실은 냉각수 회수 시스템의 작동불능을 초래할 수 있다. 누가 맞는가?

(A) A만　　　　　(B) B만　　　　　(C) A와 B 모두　　　(D) 둘 다 아니다

벨트 장력이 지나치면 베어링에 하중 load 이 작용하여 결국 베어링에 손상을 유발시킬 수 있다. 라디에이터 캡의 실의 파손되면, 진공 밸브가 감소하여 팽창탱크에 있던 냉각수가 다시 라디에이터로 회수가 잘 이루어지지 않을 것이다. 정비사 A, B 모두 맞다

정답 C

단어 **portion** 부분 / **expansion tank** 팽창탱크 / **be reduced** 감소되다 / **gallery** 오일 통로 / **coolant recovery system** 냉각 회수 시스템

16. An engine has low oil pressure. Installing a new oil pump and the correct grade of oil made no difference.

Technician A says that there might still be plugged PCV system in the engine. Technician B says that worn engine bearing would cause this problem. Who is correct?

(A) A only　　　　(B) B only　　　　(C) Both A and B (D) Neither A nor B

번역 엔진의 오일압력이 낮다. 새 오일펌프 장착하고, 제조사에서 명시하는 등급의 엔진오일로 교환도 하였으나 차이가 없다.

정비사 A : 엔진에 여전히 PCV system의 부분 막힘 불량이 원인이 될 수 있다.

정비사 B : 엔진 베어링 마모가 이 문제의 원인이 될 수 있다. 누가 맞는가?

(A) A만　　　　(B) B만　　　　(C) A와 B 모두　　　　(D) 둘 다 아니다

크랭크샤프트의 메인 베어링의 마모로 의하여 지나치게 간극이 커지면 오일 압력 형성이 저하될 수 있다. 정비사 B는 맞다. PCV 밸브의 막힘 불량은 블로바이 가스의 외부 누출 또는 에어 필터 오염 등의 문제를 유발시킨다. 오일압력 저하와는 무관하다. 정비사 A는 틀리다.

정답 B

17. Technician A says that a cooling system with a 100kPa (15psi) radiator pressure cap has raised the coolant boiling point to 125℃(257℉).

Technician B says that a leaking water pump may show coolant flowing from the water pump weep hole. Who is correct?

(A) A only　　　　(B) B only　　　　(C) Both A and B (D) Neither A nor B

번역 정비사 A : 15psi 라디에이터 캡을 가진 냉각시스템은 비등점을 127℃ 257℉ 까지 상승시킨다.

정비사 B : 워터펌프 물구멍으로부터 흘러나오는 냉각수를 보면 워터펌프가 누설되고 있음을 알 수 있다. 누가 맞는가?

(A) A만　　　　(B) B만　　　　(C) A와 B 모두　　　　(D) 둘 다 아니다

라디에이터 캡의 압력 범위는 보통 14~16psi이고, 1psi마다 약 1.8℃ 상승한다. 따라서 15psi는 약 27℃ 가 상승하므로 비등점은 127℃가 될 것이다. 워터펌프 내의 실링이 마모될수록 냉각수가 베어링을 관통해서 물구멍으로 흘러나온다. 따라서 워터펌프의 물구멍에 있는 잔여물을 보고 판단할 수 있다. 따라서 정비사 A, B 모두 맞다.

정답 C

18. There is an engine that has trouble with overheating.

Technician A says that there would be poor ground in electrical cooling fan system.

Technician B says that air in the cooling system could cause overheating.

Who is correct?

(A) A only　　　　(B) B only　　　　(C) Both A and B　(D) Neither A nor B

번역 오버히팅 문제가 있는 엔진이 있다.

정비사 A : 전기 냉각 팬 시스템에서 접지가 불량할 수 있다.

정비사 B: 냉각 시스템에 있는 공기가 오버히트에 원인이 될 수 있다. 누가 맞는가?

(A) A만　　　　(B) B만　　　　(C) A와 B 모두　　(D) 둘 다 아니다

> 냉각 팬 모터의 회로에서 접지의 위치를 숙지한 후, 실제 쿨링팬 접지상태가 양호한지 확인한다. 접지상태가 불량하면 냉각 팬이 작동 불량이 발생할 수 있다. 냉각 시스템에 잔존하는 공기는 냉각효과를 감소시키기 때문에 엔진에 오버히트가 발생할 수 있다.

정답 C

단어 **correct grade** 정확한 등급 / **no difference** 차이가 없다 / **there might still** 여전히 존재할 수 있다 / **raised** 올리다 / **flowing** 흐르는 / **weep hole** 물구멍 / **residue** (냉각수가 흘러나와 생긴) 잔여물 / **have trouble with** 문제를 갖고 있다 / **antifreeze** 부동액

19. All of the following can cause water pump noise EXCEPT ________.

(A) Glazed belts

(B) Water pump bearing worn

(C) Rough surface on drive pulley

(D) Worn seal in water pump

번역 다음의 모든 보기들은 워터펌프 노이즈를 초래할 수 있다. 단 ________ 제외이다.

(A) 닳아서 윤택해진 벨트

(B) 워터펌프 베어링 마모

(C) 드라이브 풀리의 거친 표면

(D) 워터펌프에서 마모된 실

> 워터펌프의 노이즈 발생의 원인은 닳아서 윤택해진 벨트, 드라이브 풀리의 거친 표면, 워터펌프 베어링 마모, 워터펌프 임펠러 마모, 벨트 장력 부족, 워터펌프 베어링 마모, 벨트 얼라이먼트 불량 등이다. 워터펌프에서 마모된 실은 워터 펌프의 누설과 관련이 있다.
>
> **정답** D

단어 **glazed** 광택이 나는 / **rough surface** 거친 표면

Chapter

Fuel, Electrical, Ignition, and Exhaust Systems Inspection and Service7 questions

E. 연료, 전기, 점화 및 배기시스템 검사 및 서비스 7문항

5.1 연료 및 흡기 매니폴드

— Inspect, clean or replace fuel and air induction system components, intake manifold, and gaskets.

- 에어 인덕션 시스템 Air induction system 은 다음과 같은 부품들로 구성된다.

  ❶ 에어 인테이크 노이즈 감소시켜주는 레조네이터 resonator

  ❷ 과거 카뷰레터 방식에서 흡입되는 차가운 공기를 데워주는 흡기 기관 intake manifold

  ❸ 흡입공기량을 감지하는 에어 플로 센서 air flow sensor

  ❹ 흡기 온도를 측정하는 흡기온도 센서 air temperature sensor

  ❺ 이물질에 의한 엔진마모를 예방하기 위한 에어필터 air filter

  ❻ 크랭크 케이스 crankcase 에 밀집한 블로바이 가스 blow-by gas 를 제어하는 PCV

system

- 아이들 idle 시에는 매니폴드 진공이 높아서 만약에 흡기 매니폴드에 균열, 파손이 있다면, 이곳을 통해 과잉의 공기가 유입된다. 이 과잉의 공기가 연료혼합비를 희박하게 하여 엔진 아이들 시 실화를 발생시킬 수 있다.

- 인테이크 매니폴드 균열 등에 의한 실화는 아이들 시에는 심하지만, 가속 시에는 스로틀 밸브가 열림 각이 커서 즉, 많이 열려 대기압에 가까워지고, 실화 현상도 사라지는 특징이 있다.

- 인테이크 매니폴드와 실린더 블록 접착 면에 이물질을 제거하고 직선자와 필러게이지를 이용하여 비틀림 변형이 있는지 확인한다.

- 일반적으로 인테이크 매니폴드 개스킷은 실리콘 실러 없이 장착한다.

- 진공 vacuum 시스템에 문제 예. 진공 누설 가 발생하면 다음과 같은 주행성능 문제가 발생한다.

    ❶ **엔진 꺼짐** engine stall : 아이들 시 엔진 꺼짐

    ❷ **시동 불능** no start : 특히 카뷰레터 carburetor 엔진 냉간시 시동이 불가능함

    ❸ **하드 스타트** hard start : 시동을 여러 번 해야 겨우 걸림

    ❹ **러프 아이들** rough idle : 아이들 상태가 고르지 않음 심하게 떨림

    ❺ **가속불량** poor acceleration : 엑셀 페달을 밟았을 때 가속 반응 responsibility 가 늦음

    ❻ **오버히트** overheat : 과잉의 공기가 유입되어 연료비가 희박해지면, 폭발 시 온도가 심하게 올라가 엔진에 심한 손상을 줌

    ❼ **연비불량** poor fuel economy : 이상과 같이 성능불량은 궁극적으로 연비불량으로 이어짐

5.2 에어 필터, 필터 하우징, 인테이크 덕트

— Inspect, service or replace air filters, filter housings, and intake ductwork.

- 에어 필터 교환주기를 초과하여 지나치게 오염되었다면 농후한 연료혼합비가 생성된다.
- 에어필터는 더러운 공기를 필터하는 기능도 있지만, 인테이크 노이즈intake noise 를 감소시키는 기능도 아울러 가지고 있다.

5.3 터보 차저 / 슈퍼 차저

— Inspect turbocharger/supercharger; determine necessary action.

1. 터보차저

- 엔진속도가 증가할수록 체적효율volumetric efficiency 은 감소한다. 특히 고속에서는 체적효율이 현저히 감소할 수도 있다. 이러한 단점을 극복하기 위해서 터보차저 시스템은 배기가스를 이용하여 체적효율을 향상시킨다.
- 터빈 휠turbine wheel 은 컴프레서 휠compressor wheel 과 샤프트로 연결되어 있다. 따라서 배기가스가 배출되면서 터빈 휠을 회전시키고, 이에 연결된 컴프레서 휠도 함께 회전하면서, 흡입되는 공기를 압축하여 체적효율을 향상시킴으로서 엔진 출력을 증가시킨다. 이때 배출되는 배기가스에 의해 회전하는 터빈 회전수는 120,000rpm 또는 그 이상으로 회전할 수 있다.
- 이러한 고속회전 때문에 샤프트 베어링shaft bearing 의 윤활을 특히 더 중요하다. 따라서 엔진오일은 항상 베어링을 통과해 순환함으로서 윤활작용과 과열을 방지한다. 일부 엔진에서는 엔진 냉각수가 베어링 하우징bearing housing 을 통과함으로서 베어링과 오일 온도 상승을 예방한다.

2. 터보차저 웨이스트 게이트 turbo charger wastegate

- 만약 터보차저에 의한 부스트 압력 boost pressure 이 너무 크면, 데토네이션 Detonation 이 발생하여 엔진성능 저하와 손상을 유발시킬 수 있다. 이를 방지하기 위해서 대부분 터보차저는 웨이스트 게이트를 설치한다.

- 부스트 압력이 설정된 압력을 초과하면 웨이스트 게이트가 열리고 배기가스가 터빈 휠을 지나가지 않고 옆으로 바이패스됨으로서 터빈 회전수를 감소시키고, 따라서 부스트 압력도 감소된다.

- 기계적 방식으로는 흡기 시스템 induction system 에서 흡입되는 공기의 압력 air pressure 을 감지하는 액추에이터 actuator 에 의해 웨이스트 게이트가 작동되었다.

- 컴퓨터에 의해 제어되는 방식에서는 컴퓨터가 직접 솔레노이드 예, wastegate control valve 등을 제어하면서 배기가스 waste gas 와 부스트 압 boost pressure 을 조절한다. 만약 지나친 부스트 압력에 의해서 데토네이션이 발생한다면 엔진은 점화시기를 지연 시킨다.

3. 터보 랙 turbo lag

- 배기가스를 이용하는 터보차저 특성상 엑셀페달을 밟아 급가속을 시도할 때 약간의 지연이 느껴지는데, 이것을 터보 랙 turbo lag 이라 한다.

- 터보 차저 엔진을 끄기 전에 오일 코킹 oil coking 를 방지하기 위해 터보차저를 적당히 냉각시킨 후 엔진을 끈다. 오일 코킹이란 샤프트 실 립 shaft seal lip 에 단단한 카본 퇴적물 carbon deposit 을 말한다.

4. 터보차저 윤활 시스템 turbocharger lubrication system

- 터보차저엔진은 자연 흡기방식보다 엔진오일 교환주기가 더 짧다. 윤활 lubrication 부족이나 오일 래그 oil lag 가 터보차저 불량의 주된 원인이다. 만약 엔진 오일 압력이 30psi 이하에서는 절대 터보차저가 작동해서는 안 된다.

5. 인터쿨러 intercooler

- 흡입공기가 터보차저에 의해 압축되면 공기의 온도는 상승한다. 그 결과 공기밀도 air density 가 감소하여 출력감소를 유발하고 심지어 뜨거운 공기는 엔진 노크 engine knock 발생 가능성도 커진다. 따라서 흡입 압축된 공기는 인터쿨러를 통하여 냉각시켜 엔진노크 가능성을 감소시키고 엔진출력을 향상시킨다. 지나가는 공기를 통해 열을 제거하고 대기에 방출한다는 점에서 인터쿨러는 라디에이터와 유사하다.

- 인터쿨러는 압축된 공기를 냉각시키면서 높은 압축비를 유지하면서 데토네이션 발생을 감소시킨다. 컴퓨터는 노크센서 Knock sensor 를 통해 데토네이션을 감지한다.

6. 터보차저 검사

- 손으로 터보차저 샤프트 휠을 회전 시킬 때 반드시 간섭됨이 없이 부드럽게 회전하여야 한다.

- 엔진 작동 중 휘슬 whistling 노이즈가 들린다면 컴프레서나 흡기 매니폴드에서 공기 누설을 암시한다. 반대로 흡기 매니폴드나 터빈에서 노이즈가 발생한다면 배기시스템을 검사한다.

7. 터보차저 고장

- 보통 탄소 퇴적물에 의해 웨이스트 게이트 밸브 wastegate valve 고착되어 발생한다. 다이어프램 diaphragm 의 결함이 있거나 진공 호스 vacuum hose 가 누설되면, 웨이스트 게이트의 작동불량이 발생한다.

- 터보차저 안에 있는 샤프트는 배기가스가 베어링에 들어가는 것을 방지하는 작은 오링 O-ring 을 장착되어 있는데, 이 오링이 파손되면 베어링 고장이 발생한다.

- 다른 불량으로는 지나친 엔진 오일 소모를 유발하며 이런 경우 파란색의 스모크가 배기관을 통해 방출된다. 주로 터보차저에서 오일펌프로 가는 복귀 통로 return line 가 막혀서 과다한 오일 소모가 발생할 수 있다.

8. 슈퍼차저 superchargers

- 슈퍼차저는 빈번한 오일 교환이나 래그 타임 lag time 도 발생하지 않는다.
- 슈퍼차저 시스템은 바이패스 밸브를 사용하여 부스터 압력을 조정한다. 보통 부스트 압력이 ① 지나치게 상승할 때, ② 감속할 때 그리고 ③ 후진 기어 시에는 공기가 바이패스되어 직접 흡기 매니폴드로 흘러간다.
- 슈퍼차저는 루츠 roots 방식과 스크롤/스파이럴 scroll/spiral 타입이 있다. 루츠 슈퍼차저는 하우징 내부에 2개의 로터가 맞물려 있고, 로터는 엔진 크랭크샤프트에 벨트나 체인에 연결되어 구동되며, 보통 회전속도는 엔진속도의 2~3배 정도 빠르다.

9. 슈퍼차저 고장

- 바이패스 액추에이터가 열림 고착 stuck open 되면, 부스터 압력이나 엔진 파워가 감소한다. 만약 바이패스가 닫혀 있음에도 불구하고 여전히 출력부족이 발생하면, 수퍼차저의 인터널 로터 internal rotor 의 마모나 하우징 마모 housing wear 를 검사한다.

5.4 엔진 크랭킹 시스템

― Test engine cranking system; determine needed repairs.

1. 배터리 검사

- 하이드로메터 hydrometer 을 사용해 배터리 전해액의 비중을 검사한다. 완전 충전된 배터리의 비중은 1.265이다.

- 배터리 부하 검사 Battery load test 는 배터리에 명기되어 있는 콜드 크랭킹 전류 CCA, cold cranking ampere 의 50%의 부하를 15초 동안에 배터리에 가한 후 전압을 측정하여 배터리 상태를 검사한다. 전압 측정 시 적어도 9.6V 이상은 나와야 양호한 것이다.

2. 기동모터 스타터, **Starter** 검사

- 전조등을 켜고 크랭크를 시도함으로서 크랭킹 시스템의 문제점을 신속하게 파악할 수 있다.

크랭킹 안 됨	**전조등 밝음**	스타트 회로 사이에 단선이 있다. open circuit 배터리가 정상이면 릴레이, 솔레노이드 등을 검사한다.
	전조등 약간 희미함	드라이브 피니언이 링 기어에 잘 맞물리지 않아 발생할 수 있다. 또는 스타트 모터에 심한 저항이 있다.
	전조등 매우 희미함	배터리가 방전된 경우이다.
	전조등 안 켜짐	배터리 개회로[13] 또는 배터리 ⊖극 접지가 불량일 수 있다.
크랭킹은 천천히 됨		배터리 방전, 시동모터 결함, 엔진의 기계적 결함
크랭킹 잘 되나 엔진 시동은 안 걸림		스타터 회로문제는 아님. 점화, 연료 시스템 등 다른 곳에 검사한다.
노이즈 발생		피니언 기어와 링 기어 간극이 너무 크거나 작으면 고음의 와인 whine 노이즈가 발생한다. 제조사 매뉴얼 참조하여 간극을 조정한다.

3. 크랭킹 전압 테스트 cranking voltage test

- 가능하다면 엔진은 정상 작동 온도 normal operating temperature 에서 실시하는 것이 좋다.

---

13) **open circuit** 개회로 : 회로에서 케이블 연결 불량, 와이어 단선, 릴레이 작동불량 등인 상태를 말한다.

점화 시스템은 불능 disable 으로 만들어 엔진 시동이 걸리지 않게 한 다음, 멀티미터 multimeter 를 배터리 ⊕, ⊖에 연결하여 엔진을 크랭킹할 때 전압값을 측정한다.

- 만약 전압이 9.6V 이상인데 크랭킹 속도가 느리다면 스타트 회로 starter circuit 나 스타트 모터에 심한 저항 high resistance 을 의미한다.
- 만약 크랭킹 속도도 낮고, 전압도 9.6V 이하이면 배터리 방전을 의미한다.

4. 전압강하 시험 Voltage drop test

- 전압강하 시험을 통해서 스타트 회로에서 케이블, 부품, 커넥션 connection 등에 심한 저항 excessive resistance 이 있는지 검사한다.
- 점화시스템은 불능하게 만든 다음, 크랭킹 하면서 부품 간의 전압강하를 측정한다. 예를 들면 배터리 ⊕에서 터미널 terminal 과 케이블 클램프 cable clamp 에 전압계를 연결하고 엔진을 스타트 할 때 전압계에서 표시되는 전압을 측정한다. 이때 0.2V 이하로 측정되어야 정상이다. 전형적인 전압강하 규격으로 케이블과 와이어 사이에서는 0.2V, 스위치 간에는 0.3V이하이다.

5. 전류 테스트

- 가급적이면 엔진 작동 온도에서 실시하며 점화시스템은 차단 disable 하고 전류계 clamp on type of inductive ammeter 를 배터리 게이블에 연결하고 엔진 시동 걸면서 전류를 측정한다.
- 전형적인 전류테스트 규격은 대략 다음과 같다.

4 실린더 엔진	170 ± 15 A
6 실린더 엔진	180 ± 20 A
8 실린더 엔진	220 ± 30 A

- 측정 전류값이 규격보다 지나치게 높을 때 발생 가능 원인은 다음과 같다.
  ❶ 부싱 마모 worn bushing 로 아마추어 armature 가 바인딩 binding 되는 경우

❷ 추운 날씨에 고점도 high viscosity 엔진오일

❸ 스타터 와인딩 winding 또는 케이블의 쇼트 short 또는 접지 grounded 가 불량할 때

❹ 엔진의 부품이 바인딩 binding 된 경우 크랭크샤프트 등

❺ 지나치게 브러시 brush 가 마모되어 스타터 모터 내부에 심한 저항이 발생할 때

5.5 포지티브 크랭케이스 벤틸레이션 PCV

— Inspect and replace positive crankcase ventilation (PCV) system components.

1. 블로바이 가스 Blow by gas

- 연소되지 못한 연료 unburned fuel 와 연소생성물 products of combustion 은 피스톤 링을 통과해 크랭크 케이스 crankcase 에 포집한다. 이런 누설을 블로바이라 한다. 엔진에서 완전연소 complete combustion 는 불가능하기 때문에, 어느 정도의 블로바이 가스는 발생할 수밖에 없다.

- 블로바이 가스는 엔진 마모와 오일 누유를 유발시킨다.

    ❶ 블로바이 가스가 크랭크 케이스에서 응축 condense 되는 것을 막고, 엔진오일과 반응하여 슬러지의 생성을 방지하기 위해 블로바이 가스를 제거해야 한다. 슬러지가 엔진오일과 함께 엔진 내를 순환하면서 피스톤 링, 밸브, 베어링 등의 마모를 촉진시킨다.

    ❷ 만약 과다한 블로바이 가스가 크랭크 케이스 내 압력을 상승시키면, 오일 팬 개스킷 oil pan gasket 과 크랭크샤프트 실 crankshaft seal 을 통해 블로바이 가스가 유출될 것이다.

2. PCV 시스템 PCV system

- PCV positive crankcase ventilation 시스템을 통하여 블로바이 가스 압력상승과 오일 누유 발생을 막는다.

- 에어 필터를 통과한 공기 fresh air 의 대부분은 흡기 매니폴드로 유입 되지만, 그 중 일부 공기는 에어호스를 통해 로커암 커버 rocker arm 로 유입되고 실린더 헤드를 지나 크랭크 케이스까지 흘러들어간다.

- 크랭크 케이스에 유입된 공기는 블로바이 가스와 혼합 mixed 되어 실린더 헤드로 올라가고 로커암 커버 rocker arm cover 와 PCV 밸브까지 흘려간다. 흡기매니폴드 진공에 의해 PCV 밸브가 열리면 블로바이 혼합 가스 mixture gas 는 연소실로 유입되어 재연소된다.

- PCV 시스템은 대기환경 보호차원에서 블로바이 가스가 대기 atmosphere 로 방출되는 것을 방지하는 기능도 한다.

- PCV 시스템이 제대로 작동하지 않으면 엔진 수명을 단축시킬 수 있다. 즉 유해한 가스 blowby 가 엔진 내에 잔류하여 부식 corrosion 과 마모 wear 를 촉진하기 때문이다.

3. PVC 밸브 PCV valve

- 엔진이 꺼져 있는 상태에서는 PCV 밸브는 스프링에 의해 밸브 하우징 valve housing 쪽으로 밀착 되어 있다. 아이들 및 감속 시 deceleration 에는 흡기 매니폴드의 진공이 높기 때문에 PCV 밸브를 위로 upward 올라감으로서 밸브가 조금 열린다. 열린 밸브를 통해 소량 a small quantity 의 블로바이 가스가 인테이크 매니폴드로 유입돼 들어간다.

- 고부하 heavy load 또는 가속 시에는 매니폴드 진공이 감소하기 때문에 스프링은 밸브를 아래로 움직여 밸브 열림량이 커지고 더 많은 블로바이 가스가 흡기 매니폴드로 유입된다.

4. PCV 밸브 고장

- 피스톤 링과 피스톤 벽의 마모가 심하여 지나친 블로바이 가스가 생성되어 크랭크케이스에 내부 압력이 커지면, 블로바이 가스는 역으로 에어 호스 clean air hose 를 걸쳐 에어 필터에 유입되어 에어필터를 오염시킨다.

- 만약 PCV 밸브가 열림 고착 stuck wide-open position 이면, 과다한 블로바이 혼합가스가 연소실에 유입돼 아이들 불량 clogged idle 또는 엔진 꺼짐을 초래할 것이다.

- PCV 밸브가 작동 불량 clogged valve 이거나 호스 막힘 불량 plugged hose 이 발생한다면, 과다한 블로바이 가스압력이 발생할 것이며, 이로 인해 개스킷 또는 실에 누유 oil leaks 를 유발한다.

- 에어 클리너에 오일흔적이 발견된다면 PCV 밸브의 작동불량을 암시한다.

5. PCV 밸브 검사

- PCV 밸브를 밸브커버에서 분리한다. 엔진을 공회전 시키면서 PCV 밸브에서 히싱 노이즈 hissing noise[14) 가 들리는지 확인한다. 만약 이 노이즈가 들리면 PCV 밸브의 막힘 불량 clogged valve 은 아니다.

- PCV 밸브의 끝을 손가락으로 막았을 때 진공이 없거나 매우 약하다면, PVC 밸브 또는 호스에 막힘 불량 plugged or restricted 이 있는 것이다.

- PCV 밸브를 흔들어 밸브 안에 있는 니들 needle 이 딸깍 소리 rattling 가 나는지 확인한다. 만약 들리지 않으면 밸브를 교환한다.

- PCV 밸브 입구 쪽에 깨끗한 호스를 연결하고, 밸브 출구 outlet 쪽에는 손가락을 댄다. 이 상태에서 밸브 호스를 입에 대고 세게 불어본다. 손가락에 밸브를 통해서 나오는 공기가 잘 느껴져야 한다. 만약 그렇지 못하면 밸브를 교환한다. 이번에는 반대로 해서 호스를 PCV 밸브 출구 쪽에 연결하고 입으로 불어 봤을 때, 공기가 통과해서는 안 된다. 만약 쉽게 통과한다면, 밸브를 교체한다.

- 엔진 아이들 상태에서 PCV 밸브와 인테이크 매니폴드 사이에 연결된 호스를 플라이어 등으로 조였다 풀었다 pinching and unpinching 해본다. 이때 클릭킹 노이즈가 들려야 한다. 만약 들리지 않는다면 PCV 밸브 또는 PCV 밸브 그로멧 valve grommet 불량이다.

---

14) **hissing noise** 쉬[쉿] 하는 노이즈

5.6 점화 1차 회로, 2차 회로 : 디스트리뷰터

— Visually inspect and reinstall primary and secondary ignition system components; time distributor.

1. 이그니션 시스템 Ignition System

- 모든 이그니션 시스템 ignition system 은 1차 회로 primary circuit 와 2차 회로 secondary circuit 로 구성되어 있다.

- **1차 회로** : battery, ignition switch, ignition coil primary winding, trigger device, control module.

- **2차 회로** : ignition coil secondary winding, spark plug, spark plug cable, distributor cap and rotor, coil-on-plug

2. 스파크 플러그 케이블

- 2차 케이블는 디스트리뷰터 캡 또는 이그니션 코일, 스파크 플러그에 단단하게 체결되어 있어야 한다. 느슨하게 체결되면 저항이 증가한다. 부츠 boots 또한 외관이 양호해야 한다. 만약 느슨하거나 외관 불량 예, 구멍이면 습기가 타워 tower 안으로 흘러 들어가 부식 erosion, 아크 - 오버 arc-over, 이그니션 문제를 야기할 수 있다.

- 스파크 플러그 케이블의 절연상태를 점검한다. 만약 케이블 표면이 부스러지거나 brittle-ness 타거나, 균열, 기타 파손이 있으면 교환한다. 이런 불량은 고전압 누전 High-Voltage leakage 을 유발시켜 엔진 실화를 발생시킨다.

- 스파크 플러그 케이블을 장착하기 전에 부츠 안쪽으로 실리콘 그리스 silicone grease 를 도포하기도 한다.

- 1차 이그니션 시스템 와이어 상태를 확인한다. 부식이나 이물질에 의한 오염 등은 전압 강하 voltage drop 을 유발시켜 엔진 성능 문제를 발생시킨다. 와이어 커넥터 wire connector 의 탭 락 tab lock 이 파손되거나 사라지면진동에 의한 간헐적 이그니션 문제 intermittent ignition problem 가 원인이 된다.

- 와이어 커넥터 체결상태를 확인하려면 엔진의 아이들 상태에서 와이어를 톡톡 쳐보고 tapping, 잡아당겨보고 tugging, 흔들어 보며 wiggling, 엔진상태의 변화를 지켜본다.

3. 디스트리뷰터 캡과 로터 distributor cap and rotor

- 디스트리뷰터 캡의 점검항목은 다음과 같다

    ❶ 균열 crack, ❷ 아크 - 오버 arc-over, ❸ 카본 패스 carbon path, ❹ 로터 균열 cracked rotor, ❺ 터미널 부식 corroded terminal, ❻ 타워 파손 broken tower

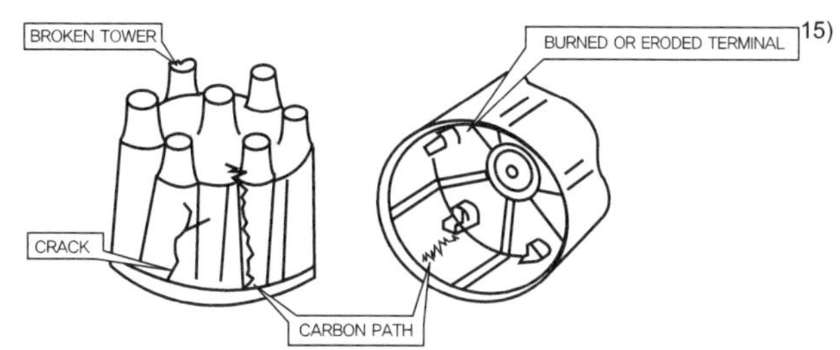

Conditions to look for during a visual inspection of the distributor cap. Discard the cap if any of these conditions is found

- 캡의 내부가 이물질 powdery substance 로 오염될 수도 있다. 따뜻한 물과 세제를 사용하여 씻어낸다. 기타 퇴적물 deposit 은 부드러운 브러시로 제거한다.

- 로터의 점검항목은 다음과 같다.

    ❶ 균열 crack, ❷ 스프링 약화 weaken spring, ❸ 캡과 마찰 흔적 damage from contact with tip, ❹ 로터 팁 부식 rotor tip corroded

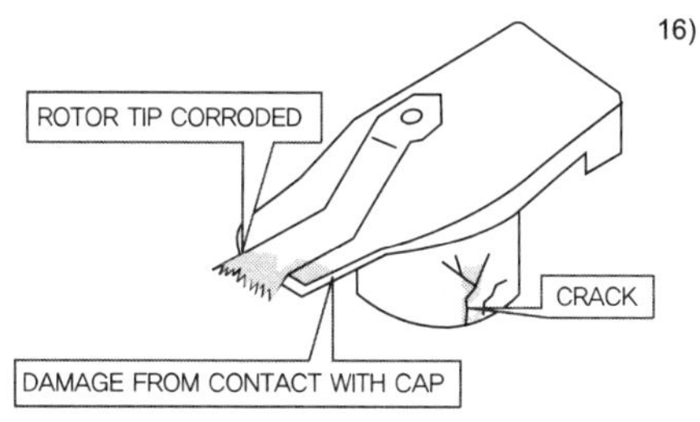

Conditions to look for during a visual of the rotor. Discard the rotor if any of these conditions is found

---

15) **디스트리뷰터 캡** 육안 검사 시 확인해야 할 항목들. 만약 이중 하나라도 발견되면 교체한다.
16) **로터** 육안 검사 시 확인해야 할 항목들. 만약 이중 하나라도 발견되면 교체한다.

- 작고 둥근 브러시를 사용하여 캡 터미널을 청소한다. 단, 솔벤트를 사용하여 청소하지 않는다. 나중에 고전압 누전 high voltage leak[17] 이 발생할 수 있기 때문이다.

4. 이그니션 코일 Ignition coil

- GM의 디스트리뷰터 캡 distributor cap 에 코일 coil 이 장착된 HEI 이그니션 코일 high electronic ignition coil 의 1차 회로와 2차 회로를 옴메터 ohmmeter 를 사용하여 측정한다. 1차 저항은 보통 0.3~1Ω, 2차 저항은 10~15Ω이다. 정확한 규격은 각 매뉴얼을 참고한다.

- 만약 측정결과 저항값이 높게 나왔다면 점화코일 내부에 저항이 증가한 것이다. 반대로 낮게 나왔다면 점화코일이 쇼트 short 된 것이다. 만약 저항값이 무한대로 나온다면, 이는 점화코일이 단선 open 된 것이다.

- EI 시스템의 이그니션 코일의 1차 회로와 2차 회로의 저항은 다음과 같이 측정한다.

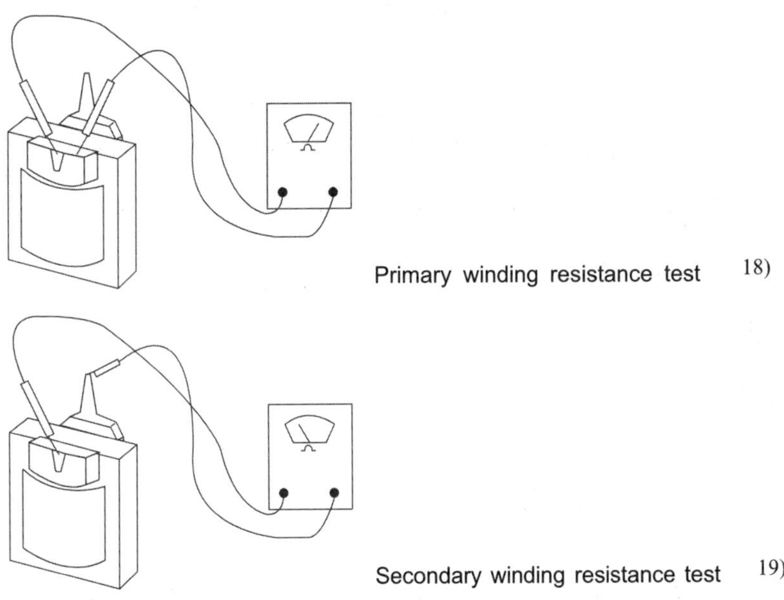

Primary winding resistance test   18)

Secondary winding resistance test   19)

- 점화코일 저항 측정 : 멀티미터를 점화코일 ⊕단자와 ⊖단자에 접속하여 1차코일 저항을 점검한다.

---

17) **High voltage leak 고전압 누전** 일종의 누전이라 할 수 있다.
18) 1차 회로 저항 측정
19) 2차 회로 저항 측정

5. 디스트리뷰터 Distributor

- 옴 미터 ohm meter 를 사용하여 픽업 코일 pick up coil 저항을 측정한다.

- 디스트리뷰터 캡 distributor cap 또는 디스트리뷰터 하우징 벤트 housing vent 를 검사하여 막힘 불량이 없는지 확인한다. 만약 막힌 채 장시간 사용하면 내부 이그니션 모듈이 오버히트 할 수 있다.

- 디스트리뷰터 캡 또는 로터는 가벼운 부식이나 이물질은 깨끗이 청소해 준다.

- 디스트리뷰터 캡 터미널 사이 또는 터미널과 디스트리뷰터 하우징사이에 형성되는 카본 먼지 라인을 카본 트래킹 carbon tracking 이라 한다. 이 카본 트랙킹은 실화의 원인이 된다.

6. 스파크 플러그 spark plug

- 마모/오염된 스파크 플러그는 아이들 또는 저속에서는 양호할 수 있으나, 고속주행이나 중부하시에는 자주 실화될 수 있다.

carbon fouled spark plug

- 카본 파울드 스파크 플러그 carbon fouled spark plug 는 아이들링이 지나칠 때, 경부하시 저속 주행, 또는 지나치게 농후한 연료비일 때 발생한다.

overheating spark plug

- 오버히팅 스파크 플러그 overheating spark plug 는 열가 heat range 가 다른 플러그 예, too hot plug 를 장착했거나, 이그니션 타이밍이 지나치게 빠를 때 진각, 데토네이션 detonation 이 발생했거나, 쿨링 시스템이 고장 났거나, 지나치게 희박한 연료비 too lean air fuel mixture, 그리고 옥탄가가 매우 낮은 연료 too low octane 등이 원인이 된다.

- 스파크플러그 케이블 spark plug cable 절연상태 insulation 에 결함이 있다면 하드 스타트 hard start 가 발생하거나 습한 날씨에서는 심지어 시동불량 No start 이 발생할 수도 있다.

7. 배기 시스템

― Inspect and diagnose exhaust system; determine needed repairs.

- 전형적인 배기 시스템은 배기 매니폴드 exhaust manifold, 배기 파이프 및 실 exhaust pipe and seal, 촉매 컨버터 catalytic converter, 머플러 muffler, 레조네이터 resonator, 테일 파이프 tail pipe, 히트 실드 heat shields, O_2 센서 Oxygen sensor 등으로 구성되어 있다.

(1) 배기 매니폴드 Exhaust manifold

- 일부 기화기 타입의 직렬엔진 In line engine 에서 배기매니폴드가 흡기매니폴드 아래에 장착되어 있는 것을 볼 수 있다. 이는 냉간시동 시 cold engine start 양호한 엔진성능을 얻기 위함이다. 이런 엔진들은 열 제어 밸브 Heat control valve 가 장착되어 있는데, 뜨거운 배기가스의 열을 흡기매니폴드에 제공해 연료의 증발을 촉진시켜 보다 양호한 냉간엔진 시동을 만든다.

- 일부 배기 매니폴드에는 AIR 파이프 에어 인젝션 파이프, air injection pipe 가 연결되어 있다. 신선한 공기가 AIR 파이프를 통해 배기가스에 유입되어 미연소된 연료 HC 또는 연소화합물 CO 과 결합하여 산화반응 oxidation 을 함으로서 HC, CO → H_2O, CO_2로 변환시킨다.

(2) 촉매 컨버터 catalytic converter

- 촉매 컨버터는 유해한 배기가스 HC, CO, NOx 를 수증기 H_2O, 이산화탄소 CO_2 등으로 산화,

환원반응을 통해 무해한 배기가스로 변환시켜주는 기능과 더불어 배기가스의 노이즈 noise level 를 감소시켜주기도 한다.

- 다수의 촉매 컨버터에는 AIR 시스템부터 오는 에어호스 air hose 연결되어 있다. 이 공기가 여분의 산소를 공급함으로서 컨버터 작용을 돕는다. 다만, 항상 공기가 공급되는 것은 아니고, PCM에 의해 제어된다. 만약 신선한 공기가 잘못 유입되면, 컨버터가 오버히트 overheat 할 수 있고 과잉의 NOx가 생성될 수도 있다.

(3) 머플러 Muffler

- 머플러는 배기 밸브가 열리 때마다 발생하는 압력 파동 pressure pulsation 을 감소시킨다.
- 머플러의 내부막힘 불량이나 다른 배기 시스템 막힘불량이 발생한다면 배압이 발생하여 엔진의 체적효율 engine volumetric efficiency 를 저하시킨다. 지나치게 과다한 배압은 엔진이 꺼질 수도 있다.

(4) 배기 시스템 검사 exhaust system inspection

❶ 촉매 컨버터 catalytic converter 진단 및 검사

① 엔진 실화로 미연소 연료가 배기시스템에 유입되면 컨버터가 오버히트 하여 내부에서 녹을 수 있다.

② 컨버터의 막힘 불량은 배기 밸브 손상, 고속에서의 엔진성능 저하, 꺼짐, 진공시험 시 진공값 불량 등의 원인이 된다.

③ 컨버터 효율 converter efficiency 은 4배기가스 분석기 four gas exhaust analyzer 로 검사할 수 있다.

④ 온도 측정계 pyrometer 를 이용하여 촉매 컨버터의 이상유무를 확인할 수 있다. 컨버터 출구 outlet 온도는 입구 inlet 온도보다 $100°F$ 37.7℃ 높아야 정상이다. 만약 컨버터 출구 outlet 온도가 같거나 낮다면, 컨버터 내부에서 산화환원 반응이 없는 것이다. 만약 출구 온도가 약간 높다면 컨버터 불량일 수도 있지만, O_2 센서도 함께 검토

해야 한다. 왜냐하면 O_2 센서가 불량일 때 컨버터 효율이 작을 수 있기 때문이다. 따라서 O_2 센서의 출력 전압을 확인해 보고 정상이면, 컨버터 불량으로 판단한다.

❷ 배압 측정

① 흡기 매니폴드에 진공게이지를 연결하고 엔진을 갑자기 가속 약 2500rpm 시켰을 때 진공값이 0in.Hg로 떨어졌다가 다시 조금 서서히 진공값이 올라간다면 컨버터 막힘 불량이다.

② 압력게이지를 이용하여 컨버터 막힘 불량을 측정할 수도 있다. 먼저 O_2 센서를 탈거하고, 압력게이지를 장착한다. 엔진 아이들 상태에서는 최대 1.5psi 이하로 측정되어야 하고 2500rpm일 경우에는 2.5psi 이하여야 한다.

True or False Review Questions

01. 아이들 시에는 흡기 매니폴드에 균열은 엔진 아이들 실화를 발생시킬 수 있다.

True 균열을 통해 과잉의 공기가 유입되고 희박연료비가 형성되어 실화가 발생할 수 있다.

02. 에어필터는 인테이크 노이즈 intake noise 를 감소시킨다.

True 에어필터는 정화기능, 노이즈 감소기능을 한다.

03. 바이패스 액추에이터가 닫힘 고착되면, 부스터 압력이나 파워가 감소한다.

False 바이패스 액추에이터가 열림 고착되면, 부스터 압력이나 파워가 감소한다. 흡기 밸브가 바이패스 밸브를 통해 바로 인테이크 매니폴드로 들어가기 때문이다.

04. 웨이스트 게이트가 열리면 터빈회전수를 감소시킨다.

True 부스트압력이 설정된 압력을 초과하면 웨이스트 게이트가 열리고 배기가스가 바이패스 됨으로서 터빈회전수를 감소시킨다. 웨이스트 게이트는 공기밸브 또는 컴퓨터에 의해 제어된다.

05. 인터쿨러 intercooler 는 데토네이션 발생을 감소시킨다.

True 인터쿨러는 압축된 공기를 냉각시키면서 높은 압축비를 유지하면서 데토네이션 발생을 감소시킨다. 컴퓨터는 노크센서를 통해 데토네이션을 감지한다.

06. 배터리 부하검사는 15초 동안에 콜드 크랭킹 전류 CCA, cold cranking ampere를 방전한 후 배터리 전압이 9.6V 이상은 나와야 한다.

False 콜드 크랭킹 전류의 50%이다.

07. 에어클리너에 오일의 흔적이 발견된다면 PCV 밸브의 작동불량에 의한 것일 수도 있다.

True PCV의 막힘 불량으로 다량의 블로바이 가스가 에어클리너 쪽으로 유입될 수 있다.

08. 공전 시에 비해서 고부하 / 가속 시에 PCV 밸브를 통과하는 블로바이 가스 양이 더 많다.

True 공전 시는 PCV 밸브를 통과하는 블로바이 가스양이 작고, 고부하 또는 가속 시에 흡기매니폴드의 진공이 감소하여 통과하는 양이 많다.

09. 보통 1차 점화코일 저항값은 1~2Ω, 2차 점화코일 저항값은 10~20KΩ이다.

True 제조사 규격마다 다소 상이하나 전형적으로 1차 점화코일 저항값은 1~2Ω, 2차 점화코일 저항값은 10~20KΩ으로 한다.

10. 오염된 스파크 플러그는 저속에서는 양호하나 고속에서 실화될 수 있다.

True 카본 파울링 같은 오염된 스파크 플러그는 아이들 또는 저속에서는 양호할 수 있으나, 고속주행이나 중부하시에는 자주 실화될 수 있다.

11. 디스트리뷰터의 하우징 벤트 housing vent 가 막히면 내부 이그니션 모듈이 오버히트 할 수 있다.

True 디스트리뷰터 캡 distributor cap 또는 하우징 벤트를 검사하여 막힘 불량이 없는지 확인한다. 만약 막힌 채 장시간 사용하면 내부 이그니션 모듈이 오버히트 할 수 있다.

12. 카본 파울드 carbon fouled 스파크 플러그는 지나치게 농후한 연료비일 때 발생한다.

True 카본 파울드 스파크 플러그는 아이들링이 지나칠 때, 경부하시 저속 주행, 또는 지나치게 농후한 연료비일 때 발생한다.

13. 디스트리뷰터 캡의 카본 트랙킹은 실화의 원인이 된다.

True 디스트리뷰터 캡 터미널사이 또는 터미널과 디스트리뷰터 하우징사이에 형성되는 카본 먼지 라인을 카본 트래킹이라 한다. 이 카본 트래킹은 실화의 원인이 된다.

14. 열 제어 밸브 Heat control valve 의 기능은 뜨거운 배기가스의 열을 흡기매니폴드에 제공해 흡입공기를 가열하여 양호한 냉간 엔진 시동을 만든다.

False 열 제어 밸브는 공기가열이 아니라 흡기매니폴드에 제공해 연료의 증발을 촉진시켜 보다 양호한 냉간엔진 시동을 만든다.

15. 디스트리뷰터 캡 등의 이물질을 솔벤트를 사용하여 깨끗이 청소한다.

False 솔벤트를 사용은 나중에 고전압 누선이 발생할 수 있기 때문이다.

16. 디스트리뷰터의 하우징 벤트 housing vent 가 막히면 내부 이그니션 모듈이 오버히트 할 수 있다.

True 디스트리뷰터 캡 또는 하우징 벤트를 검사하여 막힘불량이 없는지 확인한다. 만약 막힌 채 장시간 사용하면 내부 이그니션 모듈이 오버히트 할 수 있다.

ASE Style Question

01. Technician A says reduced turbocharger boost pressure may be caused by a wastegate valve stuck open.

Technician B says wastegate valve is controlled by exhaust gas pressure. Who is correct?

(A) A only   (B) B only   (C) Both A and B (D) Neither A nor B

번역 정비사 A : 터보차저 부스트 압력 저하는 웨이스트 게이트 밸브 스턱 오픈에 의해 발생할 수 있다.

정비사 B : 웨이스트 게이트 밸브는 배기가스 압력에 의해 조정된다. 누가 맞는가?

(A) A만   (B) B만   (C) A와 B 모두   (D) 둘 다 아니다

만약 터보차저에 의한 부스트 압력이 너무 크면, 데토네이션 Detonation 이 발생하여 엔진성능저하와 손상을 유발시킬 수 있다. 이를 방지하기 위해서 대부분 터보차저는 웨이스트 게이트를 설치한다. 부스트압력이 설정된 압력을 초과하면 웨이스트 게이트가 열리고 배기가스가 바이패스 됨으로서 터빈회전수를 감소시킨다. 따라서 웨이스트 게이트가 스턱 오픈되면 배기가스가 계속 바이패스 하므로 부스트압력이 감소할 것이다. 정비사 A는 옳다. 웨이스트밸브가 배기가스압력에 의해 조절되지 않고 공기밸브 또는 컴퓨터에 의해 제어된다. 정비사 B는 틀리다.

정답 A

단어 **wastegate** 웨이스트 게이트 과급 압력을 조절하는 장치 / **controlled by** ~에 의해 제어 된다

02.

Technician A says a restricted PCV hose to the intake manifold could result in oil accumulation in the air cleaner.

Technician B says this problem could result in gasket or seals leakage. Who is correct?

(A) A only   (B) B only   (C) Both A and B (D) Neither A nor B

번역 정비사 A : 흡기 매니폴드에 연결되는 PCV 호스가 막혔다면 에어클리너에 오일이 누적될 수 있다.

정비사 B : 이런 불량은 개스킷 또는 실에 누유를 발생시킬 수 있다. 누가 맞는가?

(A) A만   (B) B만   (C) A와 B 모두   (D) 둘 다 아니다

PCV 밸브나 호스가 막혀 정상작동하지 않는다면, 과다한 블로바이 가스압력 발생할 것이며, 이로 인해 개스킷 또는 실에 누유가 발생할 수 있다. 또한 에어클리너에 오일의 흔적이 발견된다면 PCV 밸브의 작동불량에 의한 것일 수도 있다. 정비사 A와 B 모두 맞다.

정답 C

03.

When cranking an engine, the starter motor turns over slowly. Which of the following is a probable cause?

(A) Neutral safety switch   (B) Worn starter bushings

(C) Low resistance in the negative cable (D) Excessive battery CCA

번역 엔진을 크랭킹할 때, 스타트 모터가 천천히 회전한다. 다음 중 어느 것이 가능 원인이 되겠는가?

(A) 중립 안전 스위치   (B) 스타터 모터 부싱 마모

(C) (−) 케이블에서 낮은 저항   (D) 지나친 배터리 CCA

스타터 모터의 부싱이 마모되면 스타터 모터의 아마추어가 원활하게 회전하지 못한다. 만약 부싱이 심하게 마모 되었다면, 스타터는 회전하지 못할 것이다.

정답 B

04.

Technician A says vacuum problem could cause overheat.

Technician B says vacuum leak in the intake manifold could cause detonation.

Who is correct?

(A) A only   (B) B only   (C) Both A and B (D) Neither A nor B

번역 정비사 A : 진공문제는 오버히트를 초래할 수 있다.

정비사 B : 흡기 매니폴드에 진공누설은 데토네이션을 초래할 수 있다. 누가 맞는가?

(A) A만   (B) B만   (C) A와 B 모두   (D) 둘 다 아니다

진공 시스템에 누설이 발생하면 과잉의 공기가 유입되면 공연비가 희박해지고 폭발 시 온도가 급격히 올라가 오버히트가 발생할 수 있다. 또한 점화 시기 이전에 이상 폭발하는 데토네이션도 발생할 수 있다. 정비사 A와 B 모두 옳다.

정답 C

단어 accumulation 누적, 축적 / **turn over** 회전하다 / **probable cause** 가능한 원인 / **CCA(cold cranking ampere)** 냉간시동율 / **detonation** 비정상 연소, 이상 연소

05.

Technician A says a bypass valve is used to control the boost pressure on a supercharger.

Technician B says a wastegate is used to limit boost pressure on turbocharger.

Who is correct?

(A) A only   (B) B only   (C) Both A and B (D) Neither A nor B

번역 정비사 A : 바이패스 밸브는 슈퍼차저에서 부스트 압력을 컨트롤 하는데 사용된다.

정비사 B : 웨이스트 게이트는 터보차저에서 부스트 압력을 제한하는데 사용되어진다. 누가 맞는가?

(A) A만   (B) B만   (C) A와 B 모두   (D) 둘 다 아니다

슈퍼차저에서 부스트압력이 지나칠 때는 바이패스 밸브가 열림으로서 공기가 직접 인테이크 매니폴드로 유입된다. 터보차저에서 부스트압력이 지나칠 때 PCM이나 에어센서 액추에이터는 웨이스트 게이트를 열어 부스트압력 상승을 제한한다.

정답 C

06.

All of the following could cause low boost pressure on supercharger EXCEPT
__________.

(A) Air leak at intercooler   (B) Loose drive belt

(C) Drive belt pulley slipping   (D) Bypass valve not opening

번역 다음의 모든 보기는 슈퍼차저에서 낮은 부스트 압력을 초래할 수 있다. 단 _______은 제외이다.

(A) 인터쿨러에서 공기 누설   (B) 느슨한 드라이브 벨트
(C) 드라이브 벨트 풀리 미끄러짐   (D) 바이패스 밸브 열리지 않음

만약 인터쿨러에서 공기 누설, 느슨한 드라이브 벨트, 풀리 pulley 미끄러짐 등은 낮은 부스터 압력의 원인이 된다. 반대로 바이패스 밸브가 열리지 않는다면 부스트 압력이 상승할 것이다.

정답 D

07. Turbocharger maximum boost pressure is usually between _______ and _______.

(A) 5 and 10psi

(B) 10 and 15psi

(C) 15 and 20psi

(D) 25 and 30psi

번역 터보차저의 최대 부스트 압력은 보통 _______이다.

(A) 5~10psi　　(B) 10~5psi　　(C) 15~20psi　　(D) 25~30psi

부스트 압력은 제조사 매뉴얼을 원칙으로 하나, 전형적으로 10~15psi를 최대 부스트 압으로 한다.

정답 B

단어 **is used** 사용되어진다 / **to control** 컨트롤 하는데 / **to limit** 제한하는 / **maximum** 최대의

08.

Technician A says turbocharger shaft-wheel assembly should turns freely and smoothly when rotating it by hand.

Technician B says the turbocharger wastegate actuator can be checked by using a hand air pump. Who is correct?

(A) A only   (B) B only   (C) Both A and B (D) Neither A nor B

 정비사 A : 손으로 터보차저 샤프트 휠 어셈블리를 회전시켰을 때, 터보차저 샤프트 휠 어셈블리는 반드시 자연스럽고 부드럽게 회전하여야 한다.

정비사 B : 터보차저 웨이스트 게이트 액추에이터는 핸드 에어 펌프를 사용하여 점검되어질 수 있다. 누가 맞는가?

(A) A만   (B) B만   (C) A와 B 모두   (D) 둘 다 아니다

> 터보차저 샤프트 휠 어셈블리를 손으로 회전시켰을 때 부드럽고 자연스럽게 회전해야 한다. 한편 핸드 에어펌프를 웨이스트 게이트 액추에이터에 연결하고 정비매뉴얼에서 명시한 부스트 압력을 가할 때 액추에이터 로드 rod 는 작동해야 한다. 정비사 A. B 모두 맞다.
>
> **정답** C

09.

During performing load test at 21℃ 70℉, what is the minimum battery voltage?

(A) 8.5V   (B) 9.6V   (C) 10.2V   (D) 12.2V

 25℃ 77℉에서 부하 테스트를 하고 있다. 최소 배터리 전압은 얼마인가?

(A) 8.5V   (B) 9.6V   (C) 10.2V   (D) 12.2V

> 배터리에 명시된 CCAcold cranking amperes의 1/2 전류에 해당하는 부하를 15초 가한 후 배터리 전압은 최소 9.6V 이상 나와야 한다.
>
> **정답** B

10. Technician A says a parasitic draw should be measured between the negative post and the negative cable in series.

Technician B says the maximum acceptable parasitic draw is between 0.025A to 0.050A. Who is right?

(A) A only　　　　(B) B only　　　　(C) Both A and B　(D) Neither A nor B

번역 정비사 A : 암전류parasitic draw 는 ⊖극 포스트와 ⊖극 게이블에서 직렬로 측정한다.

정비사 B : 허용할 수 있는 최대 암전류는 0.025A에서 0.050A이다. 누가 맞는가?

(A) A만　　　　(B) B만　　　　(C) A와 B 모두　　　　(D) 둘 다 아니다

어떤 액세서리가 소량의 전류를 계속 소비함으로서 배터리가 방전되게 하는 것을 암전류라 한다. 측정은 ⊖극 포스트와 ⊖극 게이블에서 측정한다. 암전류가 0.025A에서 0.050A이면 양호하다. 만약에 초과한다면 어디에선가 전류를 소모하고 있다는 것이다. 의심나는 부품의 회로부터 퓨즈를 빼면서 확인한다.

정답 C

단어 **should turn freely and smoothly** 자유롭고 부드럽게 회전해야 한다 / **by rotating** 회전시킴으로서 / **by hand** 손으로 / **during performing** 실시하는 동안에 / **parasitic** 암전류원래 뜻은 기생충의, 기생하는 / **Negative post** ⊖단자 / **positive post** ⊕단자 / **in series** 직렬로 / **acceptable** 허용할 수 있는

11. Which of the following could cause a high-pitched whine after the engine starts?

(A) Weak battery voltage

(B) Insufficient pinion to ring gear clearance

(C) High resistance in connection

(D) Excessive pinion to ring gear clearance

번역 다음 중 어느 것이 엔진 스타트 이후 하이‑피치 와인 노이즈의 원인이 되겠는가?

(A) 배터리 전압 약함

(B) 피니언과 링 기어 간극이 작음

(C) (회로에서) 커넥션에 저항이 큼

(D) 피니언과 링 기어 간극이 매우 큼

> 플라이 휠의 링 기어와 스타터 모터의 피니언 기어 간극이 지나치게 크면, 크랭킹 시 하아피치 와인 노이즈가 들리고, 반대로 간극이 작으면 엔진 시동이 걸린 후에 하이피치 와인 노이즈가 들릴 것이다.

정답 B

12. Technician A says slow cranking by the starter can be caused by corroded battery cables.

Technician B says Engine mechanical problems can cause slow cranking. Who is correct?

(A) A only   (B) B only   (C) Both A and B   (D) Neither A nor B

번역 정비사 A : 슬로우 크랭킹은 부식된 배터리 케이블에 의해서 발생할 수 있다.

정비사 B : 엔진의 기계적 문제도 슬로우 크랭킹을 유발시킬 수 있다. 누가 맞는가?

(A) A만   (B) B만   (C) A와 B 모두   (D) 둘 다 아니다

> 슬로우 크랭킹의 일반적인 원인은 다음과 같다. 배터리 전압 방전, 배터리 케이블의 부식 또는 오염, 엔진의 기계적인 문제, 스타트 모터의 브러시 마모 등이다. 정비사 A와 B는 옳다.

정답 C

13. Technician A says a high voltage drop in cranking circuit can cause slow cranking.

Technician B says a high voltage drop in cranking circuit could be caused by dirty battery terminals or poor connection. Who is correct?

(A) A only   (B) B only   (C) Both A and B (D) Neither A nor B

번역 정비사 A : 크랭킹 회로에서 고전압강하는 슬로우 크랭킹을 유발시킬 수 있다.

정비사 B : 크랭킹 회로에서 고전압강하는 배터리 터미널 부식이나 회로 연결 불량에 의해 발생할 수 있다. 누가 맞는가?

(A) A만   (B) B만   (C) A와 B 모두   (D) 둘 다 아니다

이물질 dirty, 녹 rust, 부식 corroded 된 배터리 터미널은 하이 볼티지 드롭의 원인이 되고, 슬로우 크랭킹의 유발시킨다. 정비사 A와 B 모두 맞다.

정답 C

단어 **high-pitched whine** 고음의 끼익 하는 노이즈 / **corroded** 부식된 / **mechanical** 기계적(의) / **voltage drop** 전압강하 / **poor connection** 연결 상태가 불량

14.

All of the following are causes of carbon‑fouled spark plug EXCEPT __________.

(A) Excessive idling

(B) Weak ignition system output

(C) Over rich air fuel mixture

(D) Worn piston rings

번역 다음에 모두 카본 파울드 스파크 플러그의 원인이 된다. 단, __________ 제외이다.

(A) 아이들링 지나침

(B) 미약한 이그니션 시스템 출력

(C) 과도하게 농후한 연료비

(D) 피스톤 링 마모

카본 파울드 스파크 플러그의 주된 원인은 농후한 연료비와 불완전 연소에 기인한다. 따라서 지나친 아이들링은 농후한 연료비를 유발하고, 미약한 이그니션 시스템은 불완전 연소를 유발하며, 연료복귀 라인의 막힘 불량은 결과적으로 인젝션 분사 시 농후한 연료비를 만든다. A, B, C는 모두 원인에 해당된다. 피스톤 링의 마모는 오일 파울드 Oil-fouled 스파크 플러그의 원인이 된다.

정답 D

15.

Technician A says that ping noise can occur if the engine ignition timing is too far advanced.

Technician B says typical secondary coil resistance specification usually range from 10,000 to 30,000 ohms. Who is correct?

(A) A only　　　(B) B only　　　(C) Both A and B　(D) Neither A nor B

번역 정비사 A : 엔진 점화 시기가 지나치게 빠르면, 핑 노이즈가 발생할 수 있다.

정비사 B : 전형적인 2차 코일 저항은 보통 10,000~30,000Ω 사이이다. 누가 맞는가?

(A) A만　　　(B) B만　　　(C) A와 B 모두　　　(D) 둘 다 아니다

점화 시기가 지나치게 빠르면 이상연소가 발생하여 핑 노이즈가 발생할 수 있다. 핑 노이즈가 발생하면 노킹센서가 이를 감지하고 전압신호를 보내 컴퓨터가 점화시기를 지연시킨다. 2차 점화코일 저항은 제조사마다 규격이 상이하나 전형적으로 10,000~30,000Ω 이다. 정비사 A B 모두 맞다.

정답 C

16.

Which of these would be the LEAST-likely cause of faulty spark plug in the picture shown?

(A) Excessive idling

(B) Weak ignition system

(C) Too rich mixture

(D) Detonation

번역 사진에 나와 있는 불량 스파크 플러그에 대해서 다음 중 가장 가능성이 적은 원인이 어느 것인가?

(A) 과도한 아이들링 (B) 약한 점화 시스템
(C) 너무 농후한 연료비 (D) 데토네이션

사진에 나와 있는 것은 카본 파울드 스파크 플러그 carbon fouled spark plug 이다. 카본 파울드 스파크 플러그는 아이들링이 지나칠 때, 경부하시 저속 주행, 점화시스템이 약한 경우 또는 지나치게 농후한 연료비일 때 발생한다. 따라서 A, B, C 모두 가능 원인이다. 반면에 데토네이션은 오버히팅 스파크 플러그의 원인이 된다.

정답 D

단어 **carbon** 탄소, 카본 / **fouled** 더러운, 안 좋은 / **ping noise** 금속끼리 충돌 시 나는 탱/쨍 노이즈 / **advanced** 점화시기가 빨라진, 진각의 / **range from** 범위를 이룬다

03

부록

ASE
National Institute for Automotive Service Excellence
WORKBOOK

ASE Style Question

A. General Engine Diagnosis

01. An excessive sulfur smell in the exhaust of a vehicle with a catalytic converter can be an indication of ______________.

(A) Oil consumption

(B) Coolant consumption

(C) Blow by gas

(D) Rich fuel mixture

02. After performing a compression test on a V8 engine, two cylinders have pressure readings of 60psi while the others have a reading of 135psi. The two low cylinders are next to each other.

Technician A says this could be caused by a cracked cylinder head.

Technician B says a broken head gasket could cause this. Who is correct?

(A) A only

(B) B only

(C) Both A and B

(D) Neither A nor B

03. With the engine idling, a vacuum gauge connected to the intake manifold fluctuates between 14~21in.Hg. These vacuum gauge fluctuations may be caused by __________.

(A) A restricted exhaust system

(B) Intake manifold vacuum leaks

(C) Late ignition timing

(D) Sticky valve

04. Oil is leaking from the crankshaft rear main bearing seal on an engine. All of the following are causes of leaking EXCEPT__________.

(A) Faulty oil seal

(B) PCV clogged

(C) Stuck closed oil relief valve

(D) Worn crankshaft bearing

05. During a cylinder balance test on an engine with electric fuel injection, #3 cylinder provides very little rpm drop. All of the following are causes of very little rpm drop EXCEPT__________.

(A) Misfire

(B) An intake manifold vacuum leak

(C) Clogged injector

(D) Accumulated carbon deposit.

06. A compression test is performed on an engine that is misfiring. All the pressure
are between 175 and 185psi, except cylinder #5: it is 80psi.
Technician A says a valve seal could be bad.
Technician B says the piston rings could be worn or broken. Who is correct?

(A) A only

(B) B only

(C) Both A and B

(D) Neither A nor B

07. Technician A says that low oil pressure can be caused by worn cam bearing.
Technician B says that contaminated oil can cause low oil pressure. Who is cor-
rect?

(A) A only

(B) B only

(C) Both A and B

(D) Neither A nor B

08. An engine produced the following compression pressures:

Cylinder #1	Cylinder #2	Cylinder #3	Cylinder #4
95psi	140psi	145psi	135psi

When a wet test performed on cylinder #1 the pressure rises to 160psi. The
most likely cause of the problem with cylinder #1 is:

(A) a burned valve

(B) bent connecting rod

(C) worn rings

(D) a blown head gasket

09. During a cylinder leakage test, air comes out the PCV valve opening in the rocker arm cover.

Technician A says that worn piston rings may be caused.

Technician B says that intake valve can be damaged. Who is correct?

(A) A only

(B) B only

(C) Both A and B

(D) Neither A nor B

10. Which of the following engine problems may be indicated by good result from a leakage test but poor results from a compression test?

(A) Worn piston ring

(B) Leaking intake manifold

(C) Incorrect valve timing

(D) Excessively leaking valve guides

11. If compression values increase after performing a wet compression test on a cylinder, __________ would be likely cause.

(A) Burnt intake valve

(B) Worn exhaust valve seat

(C) Worn compression rings

(D) Accumulated carbon deposit

12. During a cylinder leakage test, air is heard escaping through the oil deepstick tube. Which of the following is most likely cause?

(A) Blown Head gasket

(B) Broken Intake valve

(C) Worn Piston rings

(D) Leaking Exhaust valve

13. During discussing about finding a partially plugged catalytic converter, Technician A says to perform back pressure test at post-catalytic oxygen sensor, Technician B says maximum back pressure should be less than 2.5psi at 2500rpm. Who is correct?

(A) A only

(B) B only

(C) Both A and B

(D) Neither A nor B

14. Which of the following is the most likely cause when a engine has only a cylinder misfire on fuel injection system?

(A) Stuck fuel-pressure regulator

(B) Leaking injector

(C) Melt injector fuse

(D) Open injector ECU control circuit

15. A vehicle have an overheating problem in slow, stop and go traffic.
Technician A says debris in the radiator fins could cause the overheating.
Technician B says stuck open thermostat would be cause the overheating.
Who is correct?

(A) A only

(B) B only

(C) Both A and B

(D) Neither A nor B

16. What could cause bubble in the radiator during a cylinder leakage test?

(A) A defective cylinder head gasket

(B) A burnt or poor sealing intake valve

(C) A burnt or poor sealing exhaust valve

(D) Worn or weak piston rings

17. Technician A says a leak in the intake manifold will cause a high pitched squeal-ing noise only when the engine is idling.
Technician B says piston slap noise get louder during acceleration and goes away when the engine warms up. Who is correct?

(A) A only

(B) B only

(C) Both A and B

(D) Neither A nor B

18. During a cylinder leakage test, air is heard leaking at the throttle plates. What would most likely cause this condition?

(A) Worn piston rings

(B) A poor sealing exhaust valve

(C) A burnt intake valve

(D) A blown cylinder head gasket

19. A knocking noise goes away when the spark plug wire for one cylinder is disabled. What could the most likely cause?

(A) Piston pin

(B) Piston slap

(C) Connecting rod

(D) Lifter

ASE Style Question

B. Cylinder Head and Valve Train Diagnosis and Repair

01. The feeler gauge measurement is 0.03 inch in the figure.

Technician A says the cylinder head should be resurfaced.

Technician B says cylinder block deck warpage should be measured. Who is right?

(A) A only

(B) B only

(C) Both A and B

(D) Neither A nor B

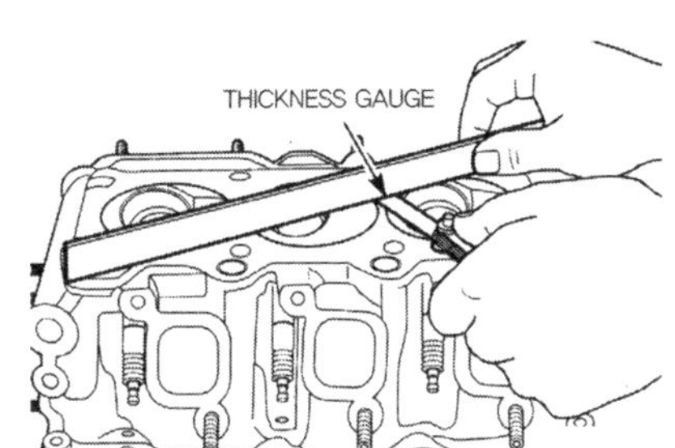

02. Technician A says valve margin of 1/64inch can cause valve burning.
Technician B says the typical interference angle is 1° between the valve seat and valve face. Who is correct?

(A) A only

(B) B only

(C) Both A and B

(D) Neither A nor B

03. Technician A says hydraulic valve lifter bottoms should be convex. Technician B says a sticking lifter plunger may cause a clicking noise. Who is right?

(A) A only

(B) B only

(C) Both A and B

(D) Neither A nor B

04. Worn valve stem seal is the most likely cause of ___________.

(A) Valve stem wear

(B) Valve guide wear

(C) Excessive valve clearance

(D) Excessive oil consumption

05. Technician A says low oil pressure could be coused by excessive camshaft bearing clearance.

Technician B says thumping noise may be caused by excessive camshaft bearing clearance in idle rpm. Who is right?

(A) A only

(B) B only

(C) Both A and B

(D) Neither A nor B

06. Technician A says the valve stem-to-guide clearance could be measured with a dial indicator.

Technician B says the valve guide diameter could be measured with a hole gauge. Who is correct?

(A) A only

(B) B only

(C) Both A and B

(D) Neither A nor B

07. A loose timing belt that jumps teeth on the crankshaft sprocket may allow contact between the ____________.

(A) Pistons and cylinder head

(B) Valve heads and pistons

(C) Valves and cylinder head

(D) Pistons in adjacent cylinders

08. When a valve is being removed from the cylinder head, the valve tip begins to bind at the valve guide. What should be done?

(A) Apply penetrating oil to the valve guide

(B) Tap the valve through with the a brass punch

(C) The valve tip edges should be filed

(D) Cut the valve stem off with a hacksaw

09.

Technician A says that valve margin should be a least 1/32inch(=0.75mm). Technician B says to use a 30° stone in order to narrow and lower a 45° valve seat. Who is correct?

(A) A only

(B) B only

(C) Both A and B

(D) Neither A nor B

10.

Technician A says that excessive valve stem height is usually corrected by grinding material from the valve tip.

Technician B says that dual valve spring generally have both coils wound in same direction. Who is correct?

(A) A only

(B) B only

(C) Both A and B

(D) Neither A nor B

11.

Technician A says valve spring installed height should be usually adjusted by installing longer valve springs.

Technician B says positive valve seals move up and down with the valve.

Who is correct?

(A) A only

(B) B only

(C) Both A and B

(D) Neither A nor B

12. There is an engine that has excessively worn exhaust valve guides.

Technician A says to inspect weak exhaust valve spring.

Technician B says that this could cause blue smoke in tail pipe. Who is correct?

(A) A only

(B) B only

(C) Both A and B

(D) Neither A nor B

13. There is an engine that has a warped cylinder head.

Technician A says that this might occur by running the engine with a faulty thermostat.

Technician B says that this could be caused by the overheated engine. Who is correct?

(A) A only

(A) B only

(A) Both A and B

(A) Neither A nor B

14. Technician A says that a burned exhaust valve can result from a valve seat that is too narrow.

Technician B says that an intake valve seat should be wider than an exhaust valve seat. Who is correct?

(A) A only

(B) B only

(C) Both A and B

(D) Neither A nor B

15. Technician A says that variable rate springs should be installed with the tightly coiled end of the spring toward the cylinder head.
Technician B says that the inside spring in damper spring is wound opposite to the outside spring direction. Who is correct?

(A) A only

(B) B only

(C) Both A and B

(D) Neither A nor B

16. Technician A says that grinding a valve seat will decrease the installed height of the valve spring.
Technician B says that a too thick shim can result in a bind in the coil spring, especially with a higher-performance camshaft. Who is correct?

(A) A only

(B) B only

(C) Both A and B

(D) Neither A nor B

17. All of the following are the function and purpose of valve rotators EXCEPT __________.

(A) Reducing hot spots on the valves by constantly turning them

(B) Preventing carbon build-up from forming

(C) Increasing valve spring tension

(D) Evening out the wear on the valve face and seat

18. The intake valve opens at 38° BTDC and closes at 70° ABDC. The exhaust valve opens at 78°′ BBDC and closes at 48°′ATDC. What is the degree of overlap?

(A) 86°

(B) 108°

(C) 116°

(D) 149°

19. Technician A says that if a new camshaft is installed, new lifters should also be installed.

Technician B says that if the cam lobe is worn, a valve tick noise can be heard.

Who is correct?

(A) A only

(B) B only

(C) Both A and B

(D) Neither A nor B

20. All of the following can cause spring surge EXCEPT _______.

(A) Excessive engine speed

(B) Weaken spring

(C) Improper installed spring height

(D) Excessive spring tension

C. Engine Block Diagnosis and Repair

01. Which of these would be the LEAST likely to happen when bolting an OHC cylinder head on to a block with a warped deck surface?

(A) premature cam bearing wear

(B) distorted valve seats

(C) main bearing failure

(D) coolant leakage into the combustion chambers

02. Technician A says excessive piston clearance can cause piston slap. Technician B says cylinders must be deglazed to ensure proper ring sealing. Who is correct?

(A) A only

(B) B only

(C) Both A and B

(D) Neither A nor B

03. In the picture,
Technician A says that piston end gap is being measured.
Technician B says large piston end gap can cause excessive blowby gas. Who is correct?

(A) A only

(B) B only

(C) Both A and B

(D) Neither A nor B

04. When an OHC cylinder head is installed to a cylinder block with a warped deck surface,
Technician A says it can cause premature cam bearing wear,
Technician B says it can cause main bearing failure. Who is correct?

(A) A only

(B) B only

(C) Both A and B

(D) Neither A nor B

05. Technician A says to clean piston ring grooves with a file,
Technician B says to measure the ring side clearance by using feeler gauge between each ring and the ring groove. Who is correct?

(A) A only

(B) B only

(C) Both A and B

(D) Neither A nor B

06. RTV sealer can be used to all of the following EXCEPT __________.

(A) rocker arm cover

(B) oil pan

(C) timing cover

(D) cylinder head

07. When measuring crankshaft end play,

Technician A says that excessive thrust bearing clearance cause dull thumping noise.

Technician B says that thrust bearing damage will occur if the clearance is too small.

Who is right?

(A) A only

(B) B only

(C) Both A and B

(D) Neither A nor B

08. Technician A says removing a piston without removing the ring ridge may result the broken piston ring lands.

Technician B says to remove the ring ridge at the top of each cylinder with a file. Who is correct?

(A) A only

(B) B only

(C) Both A and B

(D) Neither A nor B

09.

Which of these would be the LEAST likely to need to deglaze the cylinder with 220grit stones installed on a cylinder hone?

(A) Cylinder wear within specification

(B) Out of round within specification

(C) Taper within specification

(D) Scoring within specification

10.

Which of these is MOST likely to be caused by the worn piston pin?

(A) Blue smoke

(B) Rapping noise that will disappear if the cylinder is grounded out

(C) A double knocking noise during engine idling

(D) Rattling noise when cold only

11.

Technician A says RTV silicone sealant cures from the moisture in the air. Technician B says anaerobic sealers can be used as a gasket substitute. Who is correct?

(A) A only

(B) B only

(C) Both A and B

(D) Neither A nor B

12. Technician A says ring flutter might occur if measured piston ring side clearance is too great.

Technician B says that too little gap can cause the rings to expand in the groove, sezing it to the piston. Who is correct?

(A) A only

(B) B only

(C) Both A and B

(D) Neither A nor B

13. When reconditioning an engine block, which machining process should be done first?

(A) Decking the block

(B) Horning the cylinders

(C) Align boring

(D) Cylinder boring

14. Which of these could be most likely caused by a worn piston pin?

(A) Blue smoke

(B) Knocking noise

(C) Double knocking

(D) Knocking noise in cold

15. Technician A says a misaligned connecting rod causes wear on the piston skirt. Technician B says full-floating piston pins use an interference fit between the piston and the piston pin. Who is correct?

(A) A only

(B) B only

(C) Both A and B

(D) Neither A nor B

16. Technician A says that removing the ring ridge should be done to prevent damage to the piston ring lands.

Technician B says to rotate the a ridge reamer clockwise and not to cut too deeply. Who is correct?

(A) A only

(B) B only

(C) Both A and B

(D) Neither A nor B

17. Technician A says that if a notch is found on the head of a piston, the notch usually faces the front of the engine.

Technician B says that the piston pin offset is used to reduce piston pin clearance. Who is correct?

(A) A only

(B) B only

(C) Both A and B

(D) Neither A nor B

18. When the timing chain stretches and is replaced,

Technician A says that the valve timing will be retarded and the engine will lack low speed power.

Technician B says to replace the chain guides, sprockets and the tensioner as well.

Who is correct?

(A) A only

(B) B only

(C) Both A and B

(D) Neither A nor B

19. Technician A says that press-fit piston pins are often installed in the connecting rod after heating the small end of the connecting rod with a rod heater.

Technician B says that full floating piston pins are retained by lock rings located in grooves in the piston pin hole. Who is correct?

(A) A only

(B) B only

(C) Both A and B

(D) Neither A nor B

D. Lubrication and Cooling Systems Diagnosis and Repair

01. A thermostat stuck open can cause all of the following EXCEPT __________.

(A) Low engine temperature

(B) Poor fuel economy

(C) Rich air fuel ratio

(D) overheating

02. Technician A says an inoperative cooling fan will cause overheating while keep driving at idling and low speeds in traffic jam.

Technician B says that 100% coolant provides better cooling than a mixture of coolant and water. Who is correct?

(A) A only

(B) B only

(C) Both A and B

(D) Neither A nor B

03. Technician A says normal oil pump pressure in an engine is 70 to 420kpa(10 to 60psi). Technician B says any oil pump is driven directly by the gear or shaft from the camshaft. Who is correct?

(A) A only

(B) B only

(C) Both A and B

(D) Neither A nor B

04. Low oil pressure on an idling engine is causing noise from the hydraulic valve lifters. One of the reasons could be ______________.

(A) Excessive clearance in the connecting rod or main bearings.

(B) too heavy an oil used for that particular temperature.

(C) too fast idle speed.

(D) stuck open thermostat.

05. While discussing about a excessive high coolant level in the recovery reservoir, Technician A says this problem may be caused by restricted radiator tubes. Technician B says this problem may be caused by an inoperative electric-drive cooling fan. Who is correct?

(A) A only

(B) B only

(C) Both A and B

(D) Neither A nor B

06. An electric drive cooling fan circuit is shown.

Technician A says that if the CTS is grounded, the cooling fan will keep running even though the ignition is turned off.

Technician B says that when the A/C is turned on, the cooling fan won't run if the condenser switch is grounded badly. Who is correct?

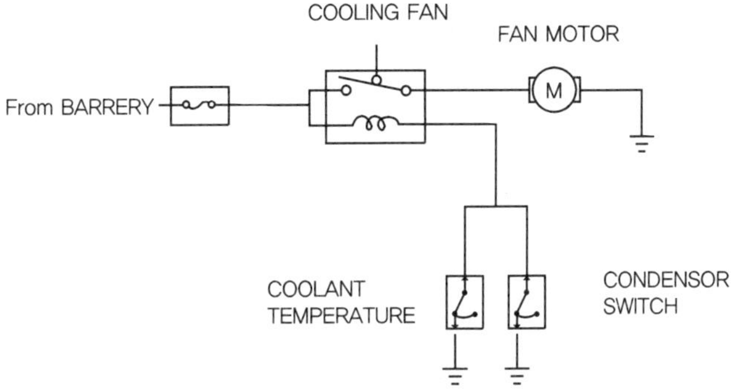

(A) A only

(B) B only

(C) Both A and B

(D) Neither A nor B

07. A electric cooling fan is inoperative.

Technician A says to inspect the ground in the cooling fan circuit.

Technician B says to inspect coolant temperature sensor (CTS). Who is correct?

(A) A only

(B) B only

(C) Both A and B

(D) Neither A nor B

08. The continuous engine oil warning light "ON" during running could be caused by all of the following EXCEPT ___________.

(A) Too much main bearing clearance

(B) A grounded warning lamp circuit

(C) Too low engine oil level

(D) Sticky relief pressure valve

09. Technician A says too much oil pressure can cause excessive oil consumption. Technician B says viscosity goes up with lower temperature. Who is correct?

(A) A only

(B) B only

(C) Both A and B

(D) Neither A nor B

10. Technician A says a sticking oil pump pressure relief valve could make oil pressure be too high.

Technician B says a obstructed oil passage could result in high oil pressure at idle. Who is correct?

(A) A only

(B) B only

(C) Both A and B

(D) Neither A nor B

11. In the picture shown, what is being measured in the rotor oil pump?

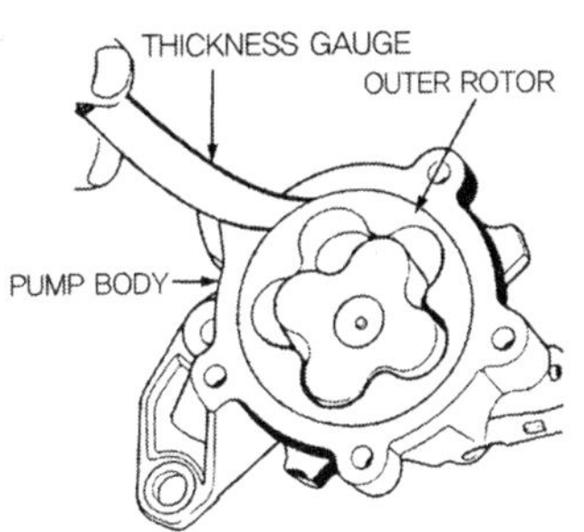

(A) inner rotor diameter

(B) clearance between the rotors

(C) inner and outer rotor thickness

(D) outer rotor to housing clearance

12. During discussing about the thermostat stuck open while driving, Technician A says HC and CO emissions will be higher than normal. Technician B says the engine will overheat in the long run. Who is correct?

(A) A only

(B) B only

(C) Both A and B

(D) Neither A nor B

13. If the vacuum valve portion of a 15psi radiator cap is stuck open, Technician A says there will be no coolant in expansion tank. Technician B says the pressure of the cooling system will be reduced. Who is correct?

(A) A only

(B) B only

(C) Both A and B

(D) Neither A nor B

14. Which of the following would cause low oil pressure ?

(A) Partially clogged crankshaft gallery

(B) Stuck closed pressure relief valve

(C) Weak oil pressure relief valve

(D) High viscosity oil

15. Two technicians are discussing water pump and cooling system.
Technician A says that excessive tight drive belt can make bearing to be damaged.
Technician B says that broken seal of radiator cap can cause inoperative coolant recovery system. Who is correct?

(A) A only

(B) B only

(C) Both A and B

(D) Neither A nor B

16. An engine has low oil pressure. Installing a new oil pump and the correct grade of oil made no difference.
Technician A says that there might still be plugged PCV system in the engine.
Technician B says that worn engine bearing would cause this problem. Who is correct?

(A) A only

(B) B only

(C) Both A and B

(D) Neither A nor B

17. Technician A says that a cooling system with a 100kPa (15psi) radiator pressure cap has raised the coolant boiling point to 125℃(257°F).
Technician B says that a leaking water pump may show coolant flowing from the water pump weep hole. Who is correct?

(A) A only

(B) B only

(C) Both A and B

(D) Neither A nor B

18. There is an engine that has trouble with overheating.
Technician A says that there would be poor ground in electrical cooling fan system.
Technician B says that air in the cooling system could cause overheating. Who is correct?

(A) A only

(B) B only

(C) Both A and B

(D) Neither A nor B

19. All of the following can cause water pump noise EXCEPT ________.

(A) Glazed belts

(B) Water pump bearing worn

(C) Rough surface on drive pulley

(D) Worn seal in water pump

ASE Style Question

E. Fuel, Electrical, Ignition, and Exhaust Systems Inspection and Service

01. Technician A says reduced turbocharger boost pressure may be caused by a wastegate valve stuck open.

Technician B says wastegate valve is controlled by exhaust gas pressure. Who is correct?

(A) A only

](B) B only

(C) Both A and B

(D) Neither A nor B

02. Technician A says a restricted PCV hose to the intake manifold could result in oil accumulation in the air cleaner.

Technician B says this problem could result in gasket or seals leakage. Who is correct?

(A) A only

(B) B only

(C) Both A and B

(D) Neither A nor B

03. When cranking an engine, the starter motor turns over slowly. Which of the following is a probable cause?

(A) Neutral safety switch

(B) Worn starter bushings

(C) Low resistance in the negative cable

(D) Excessive battery CCA

04. Technician A says vacuum problem could cause overheat.
Technician B says vacuum leak in the intake manifold could cause detonation.
Who is correct?

(A) A only

(B) B only

(C) Both A and B

(D) Neither A nor B

05. Technician A says a bypass valve is used to control the boost pressure on a supercharger.
Technician B says a wastegate is used to limit boost pressure on turbocharger.
Who is correct?

(A) A only

(B) B only

(C) Both A and B

(D) Neither A nor B

06. All of the following could cause low boost pressure on supercharger EXCEPT
_________.

(A) Air leak at intercooler

(B) Loose drive belt

(C) Drive belt pulley slipping

(D) Bypass valve not opening

07. Turbocharger maximum boost pressure is usually between _______ and
_______.

(A) 5 and 10psi

(B) 10 and 15psi

(C) 15 and 20psi

(D) 25 and 30psi

08. Technician A says turbocharger shaft-wheel assembly should turns freely and smoothly when rotating it by hand.
Technician B says the turbocharger wastegate actuator can be checked by using a hand air pump. Who is correct?

(A) A only

(B) B only

(C) Both A and B

(D) Neither A nor B

09. During performing load test at $21\,^\circ\text{C}\,70\,^\circ\text{F}$, what is the minimum battery voltage?

(A) 8.5V

(B) 9.6V

(C) 10.2V

(D) 12.2V

10. Technician A says a parasitic draw should be measured between the negative post and the negative cable in series.

Technician B says the maximum acceptable parasitic draw is between 0.025A to 0.050A.

Who is right?

(A) A only

(B) B only

(C) Both A and B

(D) Neither A nor B

11. Which of the following could cause a high-pitched whine after the engine starts?

(A) Weak battery voltage

(B) Insufficient pinion to ring gear clearance

(C) High resistance in connection

(D) Excessive pinion to ring gear clearance

12. Technician A says slow cranking by the starter can be caused by corroded battery cables.

Technician B says Engine mechanical problems can cause slow cranking. Who is correct?

(A) A only

(B) B only

(C) Both A and B

(D) Neither A nor B

13. Technician A says a high voltage drop in cranking circuit can cause slow cranking.

Technician B says a high voltage drop in cranking circuit could be caused by dirty battery terminals or poor connection. Who is correct?

(A) A only

(B) B only

(C) Both A and B

(D) Neither A nor B

14. All of the following are causes of carbon-fouled spark plug EXCEPT __________.

(A) Excessive idling

(B) Weak ignition system output

(C) Over rich air fuel mixture

(D) Worn piston rings

15. Technician A says that ping noise can occur if the engine ignition timing is too far advanced.

Technician B says typical secondary coil resistance specification usually range from 10,000 to 30,000 ohms. Who is correct?

(A) A only

(B) B only

(C) Both A and B

(D) Neither A nor B

16. Which of these would be the LEAST-likely cause of faulty spark plug in the picture shown?

(A) Excessive idling

(B) Weak ignition system

(C) Too rich mixture

(D) Detonation

ASE Style Question 정답

No	A	B	C	D	E
1	D	C	C	D	A
2	C	C	C	A	C
3	D	C	C	C	B
4	D	D	A	A	C
5	D	A	C	C	C
6	B	C	D	C	D
7	A	B	C	C	B
8	C	C	A	D	C
9	A	C	D	C	B
10	C	A	C	C	C
11	C	D	A	D	B
12	C	C	C	A	C
13	B	C	C	B	C
14	B	A	C	C	D
15	A	C	A	C	C
16	B	B	C	B	D
17	C	C	A	C	
18	C	A	C	C	
19	C	C	C	D	
20		D			

Glossary

A

Abrasion_ 마모　부품이 닳아 없어짐, 마모

Additive_ 첨가제　오일에 내식성 등을 향상시키기 위해 첨가하는 물질

Advanced timing_ 진각　엔진의 rpm 상승에 따라 점화시기가 빨라진다.

Aerobic sealant_ 호기성 실런트　공기가 있는 상온에서 경화하는 실런트

Air injection system_ 공기분사시스템　배기시스템에 공기를 분사하여 배기오염을 감소시키는 시스템

Anaerobic sealant_ 혐기성 실런트　두 금속표면 사이에서 압착되는 것처럼 공기없이 굳는 실런트

Armature_ 전기자　스타터 모터에서 자기에 의해 회전하는 도체

B

Back fire_ 역화　흡기 또는 배기시스템에서 들리는 꽹음

Backlash_ 백래시　두 기어의 맞물리는 이빨 사이의 간극

Back pressure_ 배압　배기 시스템 안에서 어떤 간섭, 막힘 restriction에 의해 발생하는 배기압력

Blow by_ 블로바이　피스톤 링을 통과해서 크랭크케이스에 밀집하는 미연소 연료 또는 연소화합물

Boost pressure_ 부스트압　슈퍼차저나 터보차저에 의해 압축된 흡기매니폴드 내의 공기압

Bushing_ 부싱　베어링과 동일한 기능을 하는 일체 one piece의 원통 sleeve

C

Camshaft_ 캠샤프트　밸브 메커니즘 mechanism를 작용하는 일련의 캠으로 구성된 샤프트

Camshaft sensor_ 캠샤프트 센서　1번 피스톤의 위치를 컴퓨터에 전압시 그널을 보내는 센서

Catalytic converter_ 촉매 변환기　유해 가스 HC, CO, NOx를 산화, 환원반응을 통해 무해 가스 수증기, CO₂로 변환시켜 주는 장치

Cold cranking rate_ 냉간 시동률 0°F -18℃에서 30초 동안 전류 A를 공급할 수 있는가에 대한 배터리율 battery rating을 말한다.

Crankshaft sensor_ 크랭크샤프트 센서 크랭크샤프트의 속도나 피스톤의 위치를 컴퓨터에 전압시그널을 보내주는 센서

Cylinder sleeve_ 실린더 보어 실린더 블록 안에 설치되어 실린더 보어를 형성한다.

D

Detonation_ 데토네이션 스파크 플러그의 점화가 발생한 후 비정상적인 2차 점화가 발생하여 두 화염의 충돌로 생기는 폭발 및 폭발음

Distributor_ 배전기디스트리뷰터 점화 코일로 형성된 2차 고전압을 점화순서에 의해 각 스파크 플러그로 배분해 주는 장치

E

Electrolyte_ 전해액 배터리 전해액

End play_ 엔드플레이 샤프트가 하우징 또는 케이스 안에서 움직이는 정도

EGR_ EGR Exhaust gas recirculation은 엔진에서 NOx 발생을 감소시키기 위해서 연소가스를 EGR 밸브를 통해 연소실로 유입된다

F

Flex plate_ 플렉스 플레이트 자동 변속기에서 엔진 동력을 토크 컨버터에 전달해 줄 수 있는 구동판 plate

Flywheel ring gear_ 플라이휠 링기어 스타터 모터의 피니언 기어와 맞물려 있는 플라이휠에 있는 링 기어

H

HEI_ HEI HEI high energy ignition 2차 전압을 35,000V까지 상승하는 점화코일이다.

Hydraulic valve lifter_ 유압식 밸브 리프트 오일압력을 이용하여 리프터가 항상 캠 로브 lobe에 접촉하여 밸브 래시 조정이 불필요하게 해준다.

I

Ignition coil_ 이그니션 코일 저전압을

고전압으로 승압시켜 스파크 플러
그의 불꽃을 발생시키는 코일

Intercooler_ **인터쿨러**　슈퍼/터보차저로
부터 압축된 공기를 연소실에 유
입되기 전 식혀주는 열 교환기

ℒ

Lash_ **래시**　두 기어 사이의 여유 접촉
간극

𝒩

NOx_ **질소산화물**　연료비가 희박하거나
엔진과열일 때 많이 생성된다.

𝒫

PCV system　**PCV 시스템**　PCV Positive
crankcase ventilation 시스템은 크랭
크 케이스에 밀집되어 있는 미연소
가스를 PCV valve를 통해 흡기
매니폴드로 보내는 시스템이다.

Piston clearance_ **피스톤 간극**　피스톤
링과 실린더 벽간의 간극

Piston pin_ **피스톤 링**　피스톤과 커넥팅

로드를 연결시켜주는 핀. 피스톤
핀의 장착불량 시 더블 노크 노이
즈가 발생할 수 있다.

Plastigage_ **플라스틱 게이지**　메인 베어
링 등 간극을 측정할 수 있는 플라
스틱

Preignition_ **조기 점화**　스파크 플러그에
의한 점화가 발생하기 전 카본 퇴
적물, 엔진과열, 저옥탄가 연료 등
에 의해 비정상으로 조기 점화하
는 것을 말한다.

Pressure relief valve_ **압력 릴리프 밸브**
펌프 내에서 과다한 압력이 형성
될 때, 밸브가 열려 압력을 낮추어
지는 밸브

Primary circuit_ **점화 1차 회로**　점화 시
스템에서 저전압을 형성하는 회로

ℛ

Reluctor_ **릴럭터**　점화시스템에서 픽업
코일 pick up coil 에서 전압 시그널
을 발생시켜주는 로터

Retard timing_ **점화 지각**　지각, 노킹이
발생하면 컴퓨터는 점화시기를 늦
춘다.

Ring ridge_ **링 리지**　피스톤 벽 상부에
위치한 돌출부, 실린더 벽은 피스
톤 링에 작동에 의해 마멸되지만,

피스톤 벽 상부는 마멸이 안 되어 상대적으로 돌출됨

Rocker arm_ 로커 암 캠이나 푸시로드의 운동을 밸브에 전달시켜주는 레버이다.

Roller tappet_ 롤러 태핏 롤러가 있는 밸브 리프트, 캠과의 마찰을 감소시켜준다.

S

Short circuit_ 단락 회로 전기회로에서 전류가 정상 결로가 아닌 단축된 경로를 통해 과다한 전류가 흐르는 회로이다.

Supercharger_ 슈퍼 차저 엔진 동력을 이용하여 부스트 압력을 상승시켜주는 장치이다.

T

Thermostat_ 서모스탯 냉각시스템에서 엔진 내에 있는 냉각수를 설정된 온도에 따라 라디에이터로 순환시켜 주는 일종의 밸브이다. 서모스탯이 고장나면 엔진성능이 저하한다.

Thrust bearing_ 스러스트 베어링 크랭크샤프트의 회전 축 axis과 평행한 힘을 흡수하는 베어링. 이 간극이 크면 노킹 노이즈 발생과 베어링 조기마모가 발생한다.

Turbocharger_ 터보 차저 배기가스를 이용하여 부스트 압을 생성하는 장치. 주기적 오일 교환, 웨이스트 게이트 작동상태, 터보샤프트 원활한 회전 등이 중요하다.

V

valve guide_ 밸브 가이드 실린더 헤드에 장착되어 밸브의 작동을 (말 그대로) 가이드 해준다. 밸브 가이드 간극이 너무 크면 오일소모가 심하고, 작으면 밸브간섭이 발생한다.

Valve overlap_ 밸브 오버랩 흡기 밸브와 배기 밸브가 동시에 열리는 밸브 구간. 고속 주행 시 밸브오버랩을 통해 체적 효율을 향상시킬 수 있다.

Valve rotator_ 밸브 로테이터 흡기, 배기 밸브가 열릴 때 조금씩 회전시켜주는 부품. 밸브는 회전함으로서 열 분산을 도와주고, 카본 퇴적물이 적층되는 것도 방지한다.

Valve seat_ 밸브 시트 실린더 헤드에서 밸브페이스와 접촉하는 면, 밸브 시트 파손되면 밸브 누설이 발생한다. 밸브 시트의 진원도, 면적,

가공 각도가 중요하다.

valve spring_ 밸브 스프링　밸브는 캠의 로브에 의해 열리고, 밸브스프링에 의해 닫힌다. 밸브스프링의 평면도, 자유장 길이, 장력 측정이 중요하다.

W

Wastegate_ 웨이스트 게이트　터보차저 시스템에서 부스트 압의 지나치게 상승하면 웨이스트 게이트가 열려 배기가스가 바이패스 함으로서 부스트압 상승을 제어한다.

Water jacket_ 워터 재킷　실린더 헤드와 블록에서 냉각수가 순환할 수 있는 통로

Water pump_ 워터 펌프　냉각 시스템에서 냉각수를 순환시켜 주는 펌프. 내부의 베어링이 손상되면 와인 노이즈가 발생하고, 실링이 파손되면 누설이 발생한다.

Words list

A

abnormal_ 비정상적인

abrasive_ 연마제

absorbed_ 흡수된

accelerate_ 가속화하다

accept_ 동의

accomplish_ 달성하다

according to_ ~에 따라

accumulate_ 축적하다

adhere_ 집착하다

adhesive_ 점착성의

adjacent_ 바로 인접한

adjust_ 조정하다

adjustable_ 조절할 수 있는

advanced timing_ 타이밍 진각

affect_ 영향을 주다

align_ 일직선으로 하다, 정렬

allow_ 허락하다

alternative_ 대안의

antifreeze_ 부동액

apparent_ 명백한

appear_ 표시

apply_ 적용하다

appropriate_ 적당한

arrangement_ 배열, 정렬

associate with_ ~과 연관 되다

at least_ 적어도

atmosphere_ 대기

attach_ 붙이다

attain_ 달성하다

attempt_ 시도

avoid_ 회피하다

B

back and forth_ 전후로

bend/bent_ 벤드/구부러진, 휘어버린

block_ 블록

bow_ 휨, 굽힘

break_ 깨뜨리다

build up_ 쌓이다

bump_ 충돌

burn_ 불에 타다

burr_ 금속의 버

C

calibrate_ 구경을 재다

capture_ 포착하다

carbon deposit_ 탄소 퇴 적물

cause_ 원인

chemical reaction_ 화학 반응

circulate_ 순환하다

clean_ 세척하다

clearance_ 간극

click/clicking noise_ 클릭 하다/클릭킹 노이즈

clockwise_ 시계 방향으로 돌아

clogged_ 막힌

coarse_ 거친

coat with_ ~에 코팅하다

collapsed_ 붕괴

combine with_ ~와 결합하다.

comparable_ 유사한

compare with_ ~와 비교하다

compensate_ 보충하다

complicated_ 복잡한

comprised of_ ~ 구성의

combination_ 조합, 결합

concave_ 오목한

configuration_ 구성

confuse_ 혼동하다

consider_ 고려

considerably_ 많이, 상당히

consist of_ ~로 구성

consult_ 상담

consumption_ 소모, 소비

contact_ 접촉

contain_ 포함하는

contamination_ 오염

continue_ 계속

convenient_ 편리한

conventional_ 전통적인

convex_ 볼록한

correct_ 수정하다

corrosion_ 부식

counterbalance_ 균형을 잡아주다

counterweight_ 평형 추

crack_ 금이 가다

crisscross_ 십자형의

critical_ 결정적인

crocus cloth_ 크로커스 천

crosshatch_ 실린더 벽의 크로스해치

crude oil_ 원유

cylinder bore_ 실린더 구멍

D

damaged_ 손상

dampen_ 축축하게 하다

deceleration_ 감속시키다

deck flatness_ 데크 직각도

deck warpage_ 데크의 휨 변형

defect_ 결함

deflection_ 빗나감

deglazed_ 글레이즈를 제거하다

deposit_ 퇴적물

derive_ 파생하다

describe_ 설명하다

design_ 설계다

destroy_ 파괴하다

destruction_ 파괴

detect_ 검색

deteriorate_ 품질을 저하시키다

determine_ 결정하다

detonation_ 비정상적 점화폭발

diagnosis_ 진단

diameter_ 직경

dilution_ 희석

disassemble_ 해체하다

discoloration_ 변색

disconnect_ 분리

dished bottom_ 움푹 파인 바닥

disposal_ 처분

dissolve_ 용해시키다.

distillation_ 증류

distinct_ 뚜렷한

distinguish_ ~을 구별시키다

distortion_ 왜곡, 비틀림

distribution_ 분포

disturb_ 방해하다

drag_ 질질 끌다

drain_ 배수

durability_ 내구성

E

edge wear_ 가장자리 마모

efficiency_ 능률

eliminate_ 제거하다

embed_ ~에 박히다

emission_ 유해 배기가스

emery cloth_ 사포

encounter_ 부딪히다

endplay_ 엔드 플레이, 유격

ensure_ 보장하다, 확실하게 하다

enter_ 들어가다

equip_ 갖추어 주다

equipped with_ 장착

erosion_ 부식

evaluate_ 평가하다

exaggerated_ 과장된

examine_ 검토하다

exceed_ 초과하다

excessive_ 과도한, 지나친

exert_ 힘을 발휘하다, 영향을 미치다

expand_ 확장하다

expansion_ 확장

exposed_ 드러난

external_ 외부의

extreme_ 극도의

extremely_ 매우, 극히

F

fatigue_ 피로

faulty_ 결점이 있는

feed_ 공급하다

finish_ 끝마무리 하다

flange side_ 플랜지 측

fluctuate_ 변동하다

fluorescent_ 형광성의

forged_ 단조의

form_ 형성하다

fracture_ 균열, 금

friction_ 마찰

furnace_ 용광로

G

galling_ 금속의 마모

groove_ 홈

ground_ 접지, 그라운드

gum_ 점성 물질

H

harden_ 단단하게 하다.

harmful_ 해로운

hazardous_ 위험한

high pitched_ 고음의

hold_ 보유하다

horizontal_ 수평의

hot spot_ 뜨거운 작은 물질

hydroplane_ 빗길에서 타이어가 미끄러지는 현상

I

illustration_ 삽화

imperative_ 피할 수 없는

imply_ 함축하다

improper_ 부적절한

inadequate_ 부적당한

include_ 포함시키다

incorrect_ 부정확한

indentation_ 홈집

indicate_ 암시하다

inert_ 불활성의

inertia_ 관성

infinite_ 무한의

inflict_ (괴로움 등을) 가하다 [안기다]

influential_ 영향을 미치는

insert_ 삽입하다

inspect_ 검사하다, 조사하다

installed_ 설치된

instruction_ 설명, 지시

insufficient_ 불충분한

insulate_ 절연시키다

interfere with_ 방해

internal_ 내부의

interpret_ 해석하다

inward_ 안으로

irregularly_ 비규칙적으로

L

late-model_ 신형

lessen_ 줄이다, 감소시키다

lift_ 들어올리기

limit_ 한도

lint free cloth_ 보풀 없는 천

locate_ 위치시키다

loose_ 느슨하게

lower_ 낮추다

lubrication_ 매끄럽게 하기

lug_ 무거운 것을 질질 끌어서 나르다

M

machined_ 가공된

maintain_ 유지하다

make sure_ 확인하다

make up_ 조정하다

manual_ 설멍서

manufacturer_ 제조업자

measure_ 측정하다

mention_ 언급하다

mineral_ 광물

minimize_ 최소화하다

misalignment_ 잘못된 정렬

mistake_ 잘못

momentarily_ 순간적으로

mount_ 마운트

N

neck_ 목

negligible_ 무시해도 좋은

nick_ 흠, 자국

notch_ 노치(새겨 놓은 표시)

noticeable_ 남의 눈을 끄는

O

obsess_ 들리다

obtain_ 획득

obvious_ 분명한

occur_ 발생

oil gallery_ 기름 갤러리

oil rag_ 기름걸레

oil starvation_ 오일 부족

operate_ 운영

opposite_ 정반대의

organic soil_ 유기 토양

out - of - roundness_ 진원도

overload_ 오버 로드(과부하)

oxide layer_ 산화물층

oxygen_ 산소

P

parallel_ 평행하다

particle_ 입자

passage_ 통로

peening (short peening)_ 표면 강화 처리의 한 방법

perform_ 수행하다, 실시하다

performance_ 성능

permissible_ 허용되는

perpendicular_ 수직

petroleum_ 석유

pinch_ (손가락으로) 꼬집다

ping_ 핑, 쾅 소리

pitting_ 작은 구멍

plane_ 평면

plugged_ 막힌

pollutant_ 오염 물질

position_ 위치

pour_ 붓다

precaution_ 예방법

preignition_ 조기 점화

premature wear_ 마모가 빠른

pressurized_ 압력을 가하는

prevent_ 방지하다

procedure_ 순서

proficient_ 숙달된

proportional_ 비례하는

protrusion_ 돌출

provide_ 제공하다

pry bar_ 쇠지레

pulse_ 펄스

push outward_ 밖으로 민다

R

radius_ 반지름

rag_ 걸레

raise_ 증가

random_ 무작위

rapping noise_ 톡톡 치는 소음

rate_ 비율, 속도

rattling_ 덜컹 거리는

rear_ 후방

rearward_ 후방

reassembly_ 재조립

rebuild_ 재조립하다.

receive_ 받다.

reciprocating_ 왕복운동의

recognized_ 인정하는

recommend_ 추천하다

recondition_ 재처리하다

reduce_ 감소

reduction_ 축소

refinish_ 다시 마무리 표면 처리하다

regardless of_ ~에 관계 없이

regulate_ 조절하다

reinforce_ 강화하다

related to_ ~에 관한

remain_ 남아있다, 존재한다

remedy_ 교정수단

removal_ 제거

remove_ 삭제하다, 제거하다, 분리하다

repair_ 수리

replace_ 대체하다, 교환하다

require_ 필요하다

reservoir_ 저장소

residue_ 잔여물

resistance_ 저항

restore_ 복원

result from_ 결과이다

retard timing_ 지각

reusable_ 재사용할 수 있는

reuse_ 재사용

rotation_ 회전

rotary_ 회전하는

roughness_ 거침, 조도

rumble_ 우르릉 소리, 굉음

ruptured_ 파열

rust_ 녹

S

scale_ 라디에이터에 생기는 잔재물

score_ 날카로운 것에 의해 생기 흠집

scratch_ 긁다

scuff_ 딱딱한 것에 의해 흠집이 나다

section_ 섹션

segment_ 구분

separate_ 별도의

sequence_ 순서

set_ 세트

severely_ 심하게

slot_ 구멍

sludge_ 슬러지

smoothly_ 원활하게

snout_ 코

snugly_ 딱 맞는

soak_ 적시다

soapy water_ 비눗물

soil_ 흙

spalling_ 쪼개짐, 파쇄

specification_ 기술명세서, 규격

specified_ 지정된

spherical_ 구형의

split_ 갈라지다

spot_ 작은 점

spray_ 스프레이

squeeze_ 압착시키다

squirt_ 오일을 뿜어내다

starvation_ 기근

steady_ 꾸준한, 일정한

steep_ 험한

stiff brush_ 빳빳한 브러시

stirring_ 붐비는, 소란한

straighten_ 바로 잡다

straightforward_ 곧장 나아가는

stripe_ 줄무늬

stuck_ 고착된

subtract_ 덜다, 빼다

sump(oil sump)_ 오일통

support_ 지원하다

surface_ 표면

susceptible_ 감염되기 쉬운, 영향 받기 쉬운

suspect_ 의심하다

suspended_ 매달린

T

tab_ 탭

tang_ 금속 간 충격음

thermal_ 열의

thoroughly_ 완전히, 철저히

thrust_ 추력

thump_ 강한 충격음

tightness_ 단단한 체결, 견고함

tolerance_ 허용 오차

toxic_ 독성이 있는

transfer_ 전달하다

transmit_ 전송시키다

travel_ 작동 거리

twist_ 비틀어 버리다.

U

ultrasonic_ 초음파의

unacceptable_ 받아들이기 어려운

unbolt_ 볼트를 풀다

unplug_ 마개를 뽑다

utilize_ 이용하다

V

variation_ 변화, 변차

varnish_ 산화된 오일에 의
한 오염

velocity_ 속도

vertical_ 수직의

vibration_ 진동

void_ 속이 빈

W

warpage_ 비틀림 변형

water-soluble_ 물에 용해
되는

weight_ 무게

weld_ 용접하다

wipe off_ 씻어내다

withstand_ 잘 견디다, 버
티어 내다

worn_ 마모된

사단법인
한국과학기술출판협회 회원사
Korea Science & Technology Publishers Association

 **저자약력 및 Q&A**

정 경 원

e-mail: beasemaster@naver.com

[학력]
한국항공대학교 항공재료공학과 학사
BCIT (British Columbia Institute of Technology) 자동차 정비과 (AST) 준학사

[경력]
前) 두원정공 품질보증과 – 디젤 인젝터 노즐
前) 한국로버트 보쉬기전 QA 보증부 – 가솔린 연료 펌프

[자격증]
자동차 정비 기사
자동차 검사 기사
ASE 마스터 (ASE Master, ASE A1 ~ A8 보유)
ASE 고급 엔진성능 진단분석 (ASE L1 Advanced engine performance)

[저서]
자동차 기술 영어

미국(수입)자동차정비자격증 수험서 ASE WORKBOOK **A1 Engine Repair**

초 판 발 행 | 2014년 1월 20일
제1판2쇄발행 | 2014년 8월 18일

지 은 이 | 정 경 원
발 행 인 | 김 길 현
발 행 처 | 도서출판 골든벨
등   록 | 제 3–132호(87. 12. 11) ⓒ 2014 Golden Bell
I S B N | 979-11-85343-00-6
가   격 | 19,000원

이 책을 만든 사람들

본문 디자인	최동규	진 행	최병석
표지 디자인	최동규	오프라인 마케팅	우병춘, 강승구
공 급 관 리	오민석, 김경아, 김미영	

㉾140-100 서울특별시 용산구 백범로 90라길 14(문배동 40-21) • TEL : 영업부 02-713-4135 / 편집부 02-713-7452
• FAX : 02-718-5510   • http : // www.gbbook.co.kr   • E-mail : 7134135@ naver.com